职业本科建筑设计专业“互联网＋”创新规划教材

建筑装饰表现技法

王　军主编

· 模块化编写方式
· 内含69个课程视频
· 彩色印刷，图片精美

【教学课件】【网络课程】

北京大学出版社
PEKING UNIVERSITY PRESS

职业本科建筑设计专业"互联网＋"创新规划教材

建筑装饰表现技法

主　编　王　军

副主编　赵庆超　赵秋菊

参　编　王　旭　伊宏伟　王子琳　赵　玮　郝凌晨

北京大学出版社
PEKING UNIVERSITY PRESS

内 容 简 介

本书主要讲解了室内、景观、建筑设计手绘的方法与技巧。本书共 8 个模块，主要内容为：课程准备、线条表达训练、色彩表现、透视原理与单体表现、构图原理与组合表现、空间综合表现、方案综合表现和案例赏析。本书由浅入深，力求全方位呈现室内、景观、建筑设计手绘的基本方法与技巧，为相关设计专业的学生及设计师，提供一整套设计手绘学习的思路与方法。

本书适合建筑装饰、环境艺术、建筑设计相关专业的学生学习，也可作为相关专业从业者的参考用书。

图书在版编目（CIP）数据

建筑装饰表现技法 / 王军主编. -- 北京：北京大学出版社，2024. 8. --（职业本科建筑设计专业“互联网 +”创新规划教材）. --ISBN 978-7-301-35269-4

Ⅰ. TU204.11

中国国家版本馆 CIP 数据核字第 202474BD61 号

书　　名	建筑装饰表现技法 JIANZHU ZHUANGSHI BIAOXIAN JIFA
著作责任者	王　军　主编
策划编辑	刘健军
责任编辑	王莉贤　刘健军
数字编辑	蒙俞材
标准书号	ISBN 978-7-301-35269-4
出版发行	北京大学出版社
地　　址	北京市海淀区成府路 205 号　100871
网　　址	http://www.pup.cn　新浪微博：@ 北京大学出版社
电子邮箱	编辑部 pup6@pup.cn　总编室 zpup@pup.cn
电　　话	邮购部 010-62752015　发行部 010-62750672　编辑部 010-62750667
印 刷 者	北京宏伟双华印刷有限公司
经 销 者	新华书店
	787 毫米 ×1092 毫米　16 开本　11.25 印张　267 千字 2024 年 8 月第 1 版　2024 年 8 月第 1 次印刷
定　　价	69.00 元

前言
Preface

在数字化技术日新月异的今天，手绘作为一种古老而永恒的艺术形式，依然以其独特的魅力和无限的创造力吸引着人们的目光。手绘不仅是一门技艺，更是情感的表达、思想的传递和文化的传承。它超越了时间与空间的限制，将艺术与生活紧密相连，赋予我们无尽的想象与灵感。

设计手绘不仅仅是创作的工具，更是交流的桥梁。在设计之初，手绘是确定设计思路与设计方向的关键环节。它是设计师自我交流的媒介，设计师通过手绘不断勾画设计草图，对草图进行改进与翻新。此外，手绘也是设计师之间相互沟通的重要工具，在设计初期设计师通过手绘交流设计思路，共同遴选出最佳方案。同时，手绘也是设计师与业主交流的重要手段，其直观、简洁的特性能够迅速传达设计意图，有效减少不必要的制图时间与费用，更深入地了解业主的需求，为后续工作的高效展开奠定基础。

手绘的重要性不言而喻，因此，学习手绘成为相关专业学生及从业者的必修课程。本书旨在为读者提供全面、系统的手绘表现技法学习指导。从工具选择、线条绘制、色彩运用到透视原理、空间构图；从配景设计、材质表达到单体、组合表现；从空间综合表现到方案综合表现，本书都进行了详尽的阐述和深入的探讨。希望通过这本书，帮助读者建立扎实的手绘基础，掌握各种题材的手绘表现技法，激发创作灵感，提升艺术修养。

本书注重理论与实践相结合，内容简明扼要、图文并茂，随书附赠多媒体教学视频，同时可登录课程链接（https://xueyinonline.com/detail/235826060?tonewterm=true）进行线上学习。另外书中每个模块都附有随堂练习和模块检测，可以帮助学生更好地掌握该课程的学习要点。书中穿插了大量的手绘案例和步骤解析，让读者能够边学边练，逐步提高自己的手绘技能。本书在编写过程中，融入党的二十大报告内容，突出职业教育素质的培养，全面贯彻党的二十大报告精神。本书积极践行“课程思政，立德树人”的教育理念，旨在培养读者正确的世界观、人生观和价值观。本书将社会主义核心价值观、爱国精神、工匠精神、文化传承精神、创新精神等有机地融入课程内容，帮助读者形成积极向上的精神世界。

本书建议学时见下表（供参考）。

章　节	学时		小计
	理论	实践	
模块 0　课程准备	2		2
模块 1　线条表达训练	4	6	10
模块 2　色彩表现	4	6	10
模块 3　透视原理与单体表现	4	8	12
模块 4　构图原理与组合表现	2	8	10
模块 5　空间综合表现	2	10	12
模块 6　方案综合表现	2	6	8
模块 7　案例赏析	自学	自学	自学

本书由河北科技工程职业技术大学王军担任主编，由赵庆超、赵秋菊担任副主编，王旭、伊宏伟、王子琳、赵玮、郝凌晨参编。其中，模块 0 由伊宏伟、王子琳编写，模块 1、模块 2 由赵庆超、王军编写，模块 3 由赵秋菊、王军编写，模块 4 由赵秋菊、王子琳、王旭、赵庆超编写，模块 5 由王军、赵庆超编写，模块 6 由赵庆超、王军、赵秋菊编写，模块 7 由赵庆超、王子琳编写，思维导图由赵秋菊制作。各章节的编写分工明确，确保了内容的系统性和连贯性。此外，部分作品由赵玮、郝凌晨绘制。

最后，衷心感谢所有为本书付出辛勤努力的作者和编辑团队，以及为手绘艺术事业做出贡献的先辈们。希望这本书能够成为你学习手绘表现技法的良师益友，陪伴你在手绘艺术的道路上不断前行。让我们一起用手绘的笔触，记录生活的美好，表达内心的情感，探索艺术的无限可能！

由于编者水平有限，书中难免存在不足之处，恳请广大读者提出宝贵意见。

编　者

北京大学出版社

活页式创新教材使用说明

本书为活页式创新教材，积极响应2019年国务院颁布的《国家职业教育改革实施方案》（简称职教二十条）相关政策。与现在普遍采用的胶装教材不同，本书采用活动式内页，配备活页环及封皮等配件，方便用书老师和读者根据学习需求进行多种调整和组合。

活页式创新教材的主要特点及使用方法如下：

一、活“教”

★ 任课老师可根据本门课程教学要求，灵活调整教学顺序，也可拆出相关知识点的内容与其他前续课程、后继课程的相关知识点进行组合教学。

★ 可替换、可添加、可删减，随时更新教学内容，添加教辅资料，保持教材的更新。

★ 可单独提取课后作业进行收缴评分。

二、活“学”

★ 可将笔记纸打孔后，将做好的笔记添加到教材对应位置，方便复习。

★ 可自我添加学习辅助资料，如论文、试卷等。

★ 上课不用带整本书，只带当节课程所需内容即可。

★ 根据自我学习进度随时调整学习顺序。

三、活“用”

★ 随书赠送一份活页式教材附件，内有装订环（3大3小）、笔记页、封皮，也可自行购买相关配件，如活页夹。

★ 装订环用于装订活页式教材，大环用于整本书或多数页，小环用于零散页，比如一章或习题、附录等。

★ 笔记页用于做笔记并与教材装订在一起，如有需求还可自行打孔增加更多的笔记纸。

★ 封皮用于装订时放在首尾页对教材进行保护。

具体使用方法请扫二维码查看视频。

目　录
Contents

模块 0

课程准备

思维导图

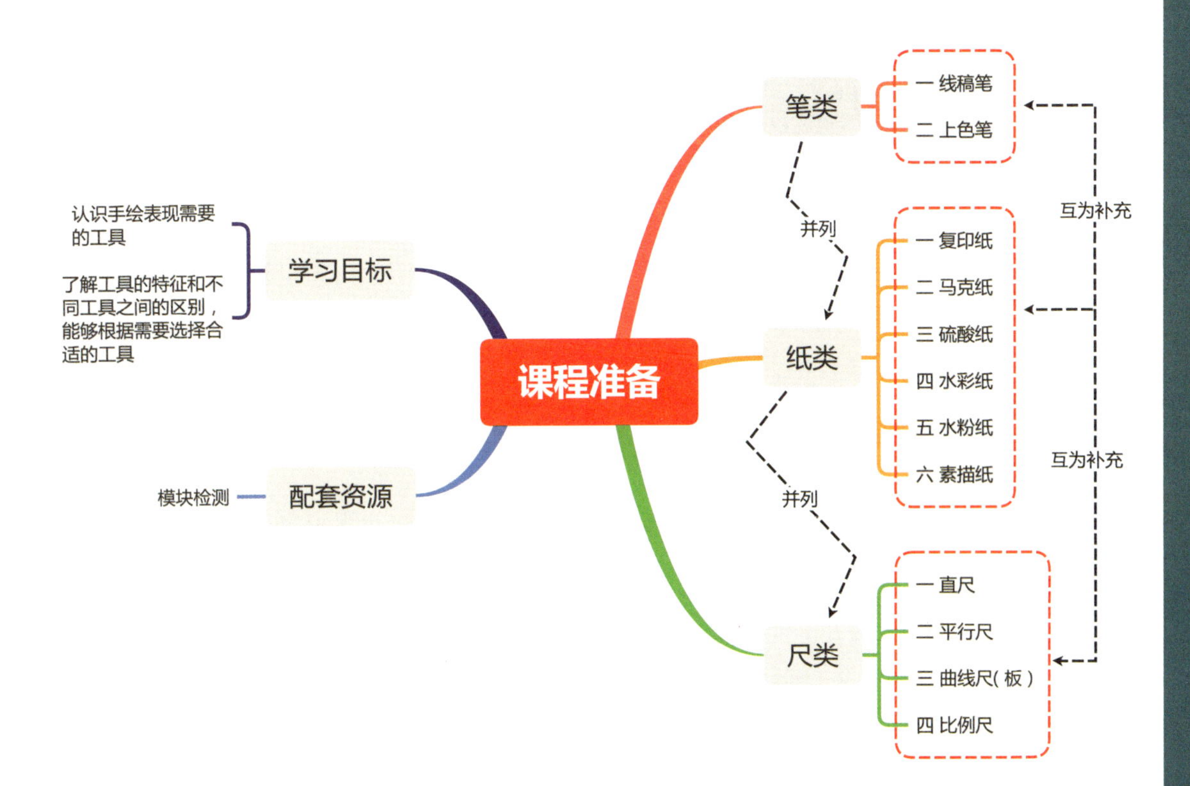

导读

党的二十大报告提出，人才是第一资源。设计人才也是建设社会主义现代化国家的重要力量，设计手绘作为设计人才的基本功，是设计人才成长、培养的必由之路，一手漂亮的手绘，不仅是设计学习的基础，更是设计素养的体现。

在建筑装饰手绘的所有准备工作中，往往把选择合适的工具与材料放在首位。工具的认识和掌握，是画好表现图的前提。在手绘设计的不同阶段，通过选择搭配不同种类的笔、纸张及尺等，运用各种手绘技法、色彩、透视等，能赋予建筑装饰创作以无穷的魅力。

手绘作品主要通过各种笔，借助尺或徒手在不同类型的纸张上表现丰富的建筑装饰作品。本模块主要对笔的种类及特征、纸张的规格及特性进行全面的阐述和分析。通过学生的学习与体验，掌握笔的特点与应用、纸张的规格与特性，进而掌握工具选配的技能。总之，工具的选择是手绘表现的开端，是创作的基石。

重点：识别、选择适合自己使用的笔、纸张及尺。

难点：纸张与笔配合使用的效果。

0.1 笔类

笔是手绘设计过程中最基础的工具之一，常用的有铅笔、钢笔、马克笔等。在手绘设计中，铅笔常用于绘制初步的轮廓线和草图；钢笔则用于绘制精细的线条和曲线，常用于突出物体的结构和细节；马克笔则适合绘制鲜明的颜色和纹理，以及填充大面积的色块。笔又可以分为线稿笔和上色笔。

绘图工具简介（笔）

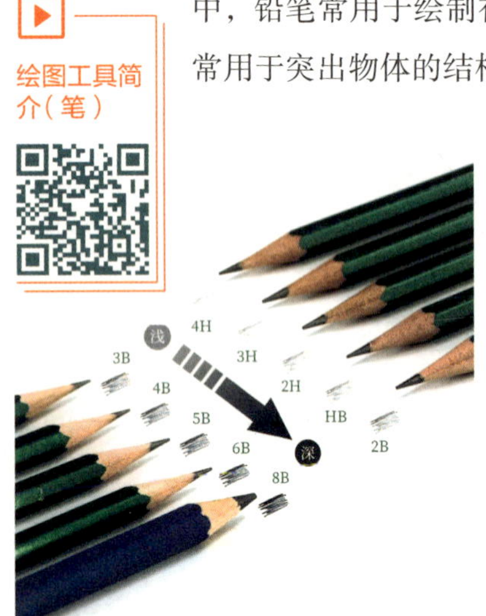

图 0–1–1

0.1.1 线稿笔

线稿笔在建筑装饰手绘表现中，主要用于勾画画面中透视方向、物体轮廓及明暗关系，常见的有铅笔、针管笔、钢笔和中性笔。

1. 铅笔

铅笔（图 0–1–1）是绘画必备的工具，主要用来打底稿、定位基本透视关系，以及在设计过程中推敲方案的光影效果。铅笔携带方便、可修改性强、易于控制。铅笔根据铅芯的硬度不同，可分为硬铅笔（H 系列）、软铅笔（B 系列）和软硬适中的铅笔（HB 系列），这些不同类型的铅笔在绘画中具有不同的用途和效果。

知识拓展

自动铅笔（图 0-1-2）比铅笔更便捷、省时，其常用规格为 0.5mm、0.7mm 等，数字越大代表笔芯越粗。因其笔芯粗细一致，也不易折断，使用便捷，常常为绘图者选用。

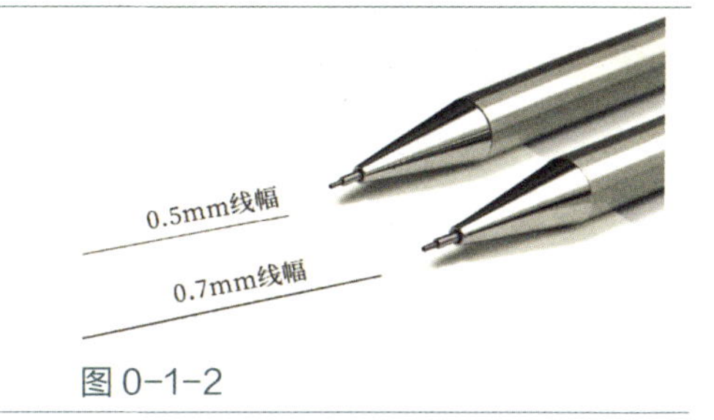

图 0-1-2

2. 针管笔

针管笔（图 0-1-3）主要是在铅笔线稿基础上进行墨线勾画，以确定形体和画面明暗效果。其特点是型号不等，画出的线条精细、挺直，通过线条组织变化，可产生丰富层次关系。针管笔根据其针管管径的粗细分为不同规格（0.05～1mm），数字越大线条越粗。因此在设计制图时至少应备有细、中、粗三种不同规格的针管笔。

3. 钢笔

图 0-1-3

钢笔分为普通钢笔和美工笔两种。

普通钢笔线条流畅、富有弹性；美工笔是专业的绘图笔，和普通钢笔相似，但笔头弯曲。美工笔采用不同的笔头倾斜度和力度能画出粗细不一的线条，美工笔既可画线又可涂面，极具表现力。

4. 中性笔

中性笔就是日常写字用的签字笔，是平时手绘时最常用到的笔。中性笔线条粗细均匀且性价比高，非常适合初学者使用，常用规格为 0.5mm。

图 0-1-4

0.1.2 上色笔

马克笔的使用

上色笔是在画好的墨线图纸上进行整体铺色、刻画重点物体和表现材质的工具。常见的上色笔有马克笔、彩色铅笔和高光笔。

1. 马克笔

马克笔是现代室内手绘效果图表现中最常用的绘画工具，其色彩明快、使用便捷、适用面广泛，是初学者的首选画笔。马克笔分为油性和水性两种。

油性马克笔快干、耐水和耐光性好，融合性较好，衔接比较自然，颜色多次叠加不伤纸，运用时手感也十分爽滑，适合快速表现。

水性马克笔颜色亮丽，具有透明感，可溶于水，能绘出类似水彩的效果，但多次叠加后颜色会变灰。

马克笔一般有两个笔头（图 0-1-4），一个为扁头，可绘制宽线条和大面积色彩；另一个为圆头，可绘制个别线条，以及对涂色后遗漏下的不规则边缘进行调整。

贴心提示

购买和使用马克笔时应注意以下事项。

1. 在购买马克笔时，要注意色彩选择，不同专业色彩配比不同。
2. 使用前要根据马克笔的编号做色卡，便于查找所需颜色。
3. 每支马克笔都有编号，当某个色彩的马克笔用完，可根据编号进行购置。
4. 马克笔用完时，要及时盖紧笔盖防止墨水挥发，影响下次使用。

2. 彩色铅笔

彩色铅笔（图 0-1-5）有两种，一种是水溶性彩色铅笔（可溶于水），另一种是不溶性彩色铅笔（不溶于水）。

手绘表现常用水溶性彩色铅笔，它可与水融合，形成均匀的色彩效果，同时因颜色丰富、质地细腻、易于修改、便于掌握，是目前较理想的辅助工具。它遇水后色彩会晕染开，能表现丰富的色彩关系和色彩过渡，呈现水彩般透明的效果，因此常与马克笔结合使用，以弥补马克笔颜色的不足。水溶性彩色铅笔是马克笔绘图表现很好的辅助工具。

3. 高光笔

高光笔（图 0-1-6）是手绘创作中提高画面局部亮度的工具，通常在作品将要完成的时候

图 0-1-5

图 0-1-6

用来提升画面效果及修补画面一些细微的瑕疵。高光笔如果用得好能起到画龙点睛的作用，但要注意高光笔不等同于修改液，不能过度依赖。

0.2 纸类

常用的纸（图 0-2-1）有复印纸、马克纸、硫酸纸、水彩纸、水粉纸、素描纸等，在不同的纸上作画，可获得不同的体验和效果。

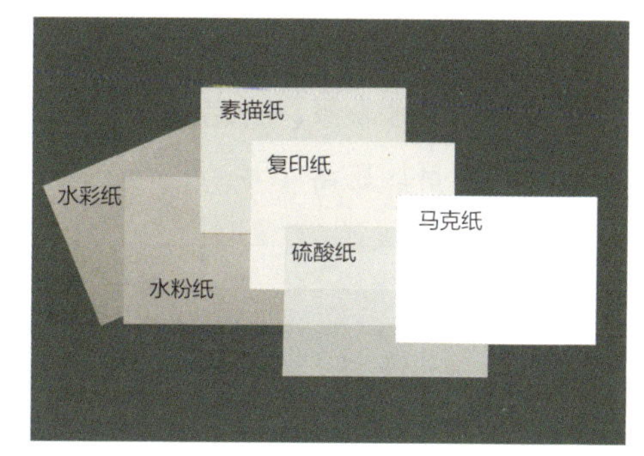

图 0-2-1

0.2.1 复印纸

复印纸是初学者最理想的纸张，适合用于练习和推敲方案。其性价比高，常用规格为 A3 和 A4。复印纸的纸面光滑、细致，适用于所有的设计用笔，无刷胶、吸水性适中，利于少量色彩叠加。

绘图工具简介（纸张）

0.2.2 马克纸

马克纸是进行手绘表现的最佳纸张，属于中性无酸纸，纸面平滑、无纹理，适合马克笔笔头平铺、重叠、晕染等，上色的同时不会损伤马克笔的纤维笔头。和复印纸相比，马克纸的笔感更流畅，且笔触边界分明，色彩还原度高，没有色偏，在同一个位置多次涂画也不容易渗透到下一张纸上，手绘效果较好。

0.2.3 硫酸纸

硫酸纸的纸质半透明，又称制版硫酸转印纸，主要用于印刷制版业，具有纸质纯净、强度高、透明好、不变形、耐晒、耐高温、抗老化等特点，适用于推敲设计方案。由于硫酸纸的透明特性，手绘初学者可以用它来进行拷贝和临摹练习。硫酸纸常作为提高学习效率的练习工具。

0.2.4 水彩纸

水彩纸的纸质分为麻质和棉质，麻质水彩纸适合绘制精细的水彩手绘；棉质水彩纸的吸水速度和干燥速度比麻质水彩纸快，因此，适合水彩技法中重叠法的艺术表现。

0.2.5 水粉纸

水粉纸表面有圆形的坑点，比水彩纸更厚，颗粒纹路更明显，适用于特殊材质质感的表现，但同时由于其特殊性而限制了使用范围。

0.2.6 素描纸

素描纸具有独特的纹理，非常容易着色，纸质薄，质硬，表面粗糙，适合表现铅笔画的质感和层次。

知识拓展

水彩纸、水粉纸、素描纸的表面都有纹理，适用于彩色铅笔、水彩和水粉渲染，不适用于马克笔，常用规格为 4 开、8 开和 16 开。

特别提示

造纸术是我国四大发明之一。我国是世界上最早养蚕织丝的国家，古代劳动人民以上等蚕茧抽丝织绸，剩下的恶茧、病茧等则用漂絮法制取丝绵。漂絮完毕，篾席上会遗留一些残絮。当漂絮的次数多了，篾席上的残絮便积成一层纤维薄片，经晾干之后剥离下来，可用于书写。这种漂絮的副产物数量不多，在古书上称它为赫蹏或方絮。西汉时期我国已经有了造纸术，东汉和帝元兴元年（105 年）蔡伦改进了造纸术。他用树皮、麻头及敝布、渔网等原料，经过挫、捣、炒、烘等工艺造纸，是现代纸的渊源。这种纸，原料容易找到，又很便宜，质量也较高，逐渐被广泛使用。为纪念蔡伦的功绩，后人把这种纸叫作“蔡侯纸”。

造纸术——尤其是东汉蔡伦改进的造纸术，是书写材料的一次革命，它便于携带，取材广泛，推动了中国、阿拉伯、欧洲乃至整个世界的文化发展。

特别提示

宣纸是一种具有悠久历史的特殊的纸张，是我国传统的古典书画用纸。制作宣纸是一项繁复细致的工艺，整个生产过程需要一百多道工序，从原料到成品的生产周期需要至少一年，正是由于宣纸对技艺要求严苛，才具备了易于保存，经久不脆，不会褪色等特点，故有“纸中之王”“纸寿千年”的美誉。目前，我国故宫博物院、其他国家的博物馆里基本上都保存有用宣纸作的画。一千多年前的唐代古画，能保存至今，宣纸功不可没，如果是其他纸的话，早已掉色了。

另外，宣纸有独特的渗透、润滑性能，润墨性好。用它写字则骨神兼备，作画则神采飞扬，宣纸是最能体现我国艺术风格的书画用纸。所谓“墨分五色”，即一笔落成，深浅浓淡，纹理可见，墨韵清晰，层次分明，这是书画家利用宣纸的润墨性，控制了水墨比例，运笔疾徐有致而达到的一种艺术效果。

十九世纪时宣纸在巴拿马国际纸张比赛会上获得金牌。宣纸除用于题诗作画外，还是书写外交照会、保存高级档案和史料的最佳用纸。我国流传至今的大量古籍珍本、名家书画墨迹，大都用宣纸保存，依然如初。世界其他地区的书画用纸，都没有宣纸这样好的质量。

0.3 尺类

在建筑装饰手绘中，常用的尺具（图 0-3-1）有直尺、平行尺、曲线尺（板）、比例尺等。

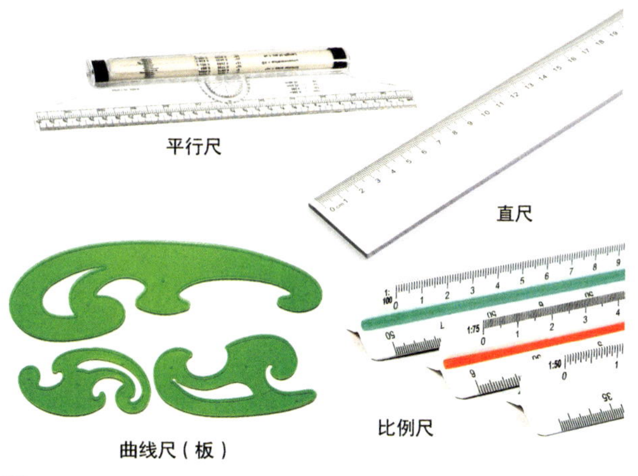

图 0-3-1

0.3.1 直尺

直尺是最基本的尺具，用于绘制直线和测量长度。直尺通常有刻度，可以直接读取长度。常见的直尺材质有塑料和金属，长度一般为 15cm、20cm、30cm 和 60cm。

0.3.2 平行尺

平行尺是做室内设计、平面设计以及画工程图常用的工具，其功能和精度还有使用顺畅度上都比较好，而且物美价廉。画平行线是平行尺最基本的功能，也是其最好用的功能。

平行尺上带有量角器功能，所以当身边没有量角器时我们可以用它精确地测量两条直线间的夹角，也可以画出任意角度的相交线，尤其在画相互垂直的相交线时格外方便，在这方面其功能有点类似带量角器的直角三角板。

0.3.3 曲线尺（板）

曲线尺（板），也称云形尺，是绘图工具之一，是一种内外均为曲线边缘的薄板，用来绘制曲率半径不同的非圆自由曲线。

0.3.4 比例尺

比例尺要根据图纸比例选择，如 1∶100 的图就选用 1∶100 的比例尺，读出来的读数不需要再转换。如尺上读数为 3.6，那么实际物体尺寸就是 3.6m。

辅助工具越来越精细、丰富，这里仅介绍几种常规使用的工具，我们可以根据自己的绘图习惯，选择适合的工具。

模块小结

在建筑装饰手绘中，常用的有铅笔、钢笔、马克笔等；常用的纸有复印纸、马克纸、硫酸纸、水彩纸、水粉纸、素描纸等；常用的尺具有直尺、平行尺、曲线尺（板）、比例尺等。

模块检测

一、单选题

1. 铅笔根据铅芯的硬度不同，在绘画中具有不同的用途和效果，下列选项中，铅芯最软的是(　　)。

A. 3B　　B. B　　C. H　　D. 4H

2. 一般用来打底稿、定位基本透视关系的笔是(　　)。

A. 铅笔　　B. 针管笔　　C. 高光笔　　D. 彩色铅笔

3. 手绘常用的工具不包括(　　)。

A. 马克笔　　B. 针管笔　　C. 彩色铅笔　　D. 毛笔

4. 除马克纸外，下列纸张中适合使用马克笔的是(　　)。

A. 水彩纸　　B. 水粉纸　　C. 复印纸　　D. 素描纸

5. 不属于彩色铅笔常用纸张的是(　　)。

A. 复印纸　　B. 硫酸纸　　C. 水彩纸　　D. 素描纸

二、填空题

1. 马克笔上色时，一般用(　　　　)头大面积铺色，(　　　　)头进行细节描绘。

2. 马克笔可以分为(　　　　)和油性两种；彩色铅笔按性质可以分为(　　　　)和(　　　　)两种。

3. 手绘表现中常用纸的规格是(　　　　)和(　　　　)两种。

三、判断题

1. 马克笔具有易挥发、易上色、方便快捷等特点。(　　)

2. 水性马克笔颜色覆盖能力较弱，多次叠加后颜色会变灰，色彩通透。(　　)

3. 高光笔通常在作品将要完成的时候用来提升画面效果及修补画面一些细微的瑕疵。(　　)

四、简答题

1. 说一说手绘表现中常用的笔的类型及主要用途。

2. 说一说手绘表现中常用的纸的类型及特征。

在线答题

模块 1

线条表达训练

思维导图

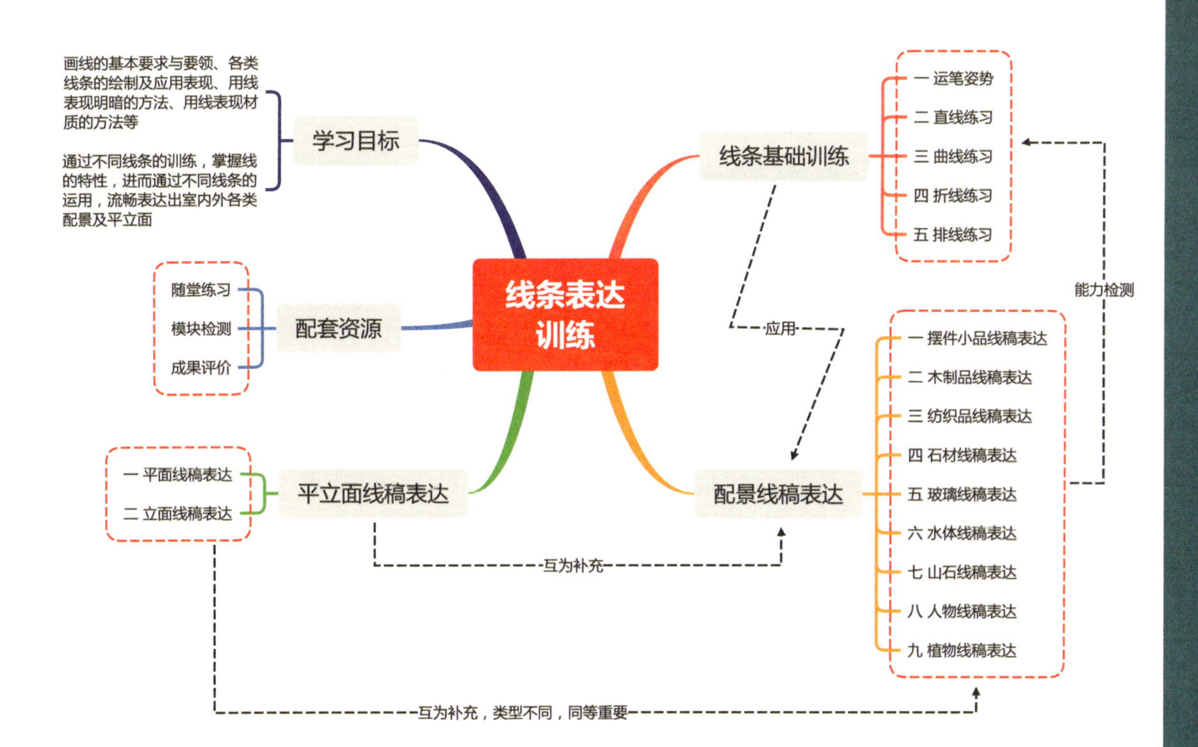

导读

线是中国画的主要造型手段，中国画中的线注重表现丰富情感，具有韵律感和装饰美；西方绘画中线具有较强的理性特征，同样具有丰富的表现力和艺术美感。

手绘表现图主要是用线条的组合变化，来表现物体的形体结构特征，并通过对各种造型（形体）的描绘来组合画面。本模块主要通过不同线条的应用训练对线条进行全面阐述和分析，并运用不同线条对室内外配景材质进行表达与示范。通过学习与训练，掌握线条的特点与应用，进而掌握室内外各种配景的表现。总之，线条是手绘表现的灵魂，是造型艺术的基础。

重点：直线、曲线以及折线的训练、组合练习。

难点：各种线条在配景表现中的应用。

生活中有哪些线条？

训练出良好的线条手绘能力需要哪些素质？

1.1 线条基础训练

线是手绘设计表现的基本构成元素，不同线条代表着不同的感情色彩，画面的氛围控制也与不同线条的表现有着密切的关系。运笔的速度不同，线条给人的感觉就不同。运笔速度快，线条刚直有力，有挺拔的感觉；运笔速度慢，线条轻松自然，有柔软的感觉。不同类型的线条，应用也有很大差别。直线是应用最多的线，大多数物体由直线组成；曲线也必不可少，主要用于异形物体的表达；折线是良好的补充，在配景植物中大量运用。

1.1.1 运笔姿势

手绘设计表现中，设计师的运笔姿势很重要，好的运笔姿势能决定画面的线条效果，可将运笔姿势归纳为以下三点。

（1）保持一个良好的坐姿（图 1-1-1）和握笔习惯（图 1-1-2），对提高手绘的效率很有帮助。一般来说，人的视线应该尽量与台面保持垂直的状态，这个不是绝对垂直，尽量做到就可

图 1-1-1

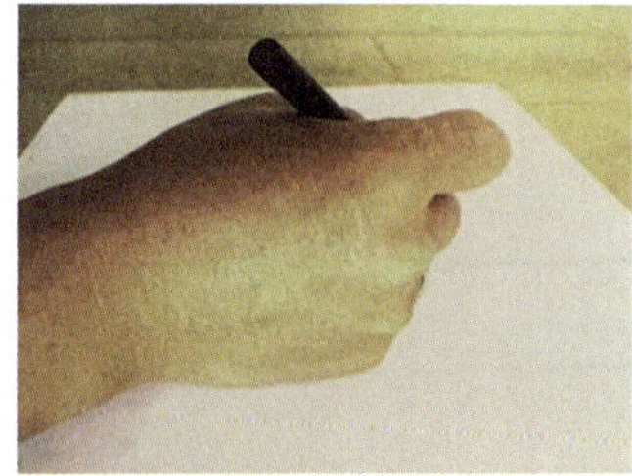

图 1-1-2

以。图 1-1-1 中左图坐姿不佳，右图坐姿良好，图 1-1-2 所示为正确的握笔姿势，正确的握笔姿势有助于手绘的学习。

（2）握笔可根据自己的习惯，以稳、顺、准为行笔原则。

（3）画线要靠手臂运动来完成。画横线的时候运用手肘来移动，画竖线的时候运用肩部来移动，短的竖线也可以运用手指来移动。握笔与行笔因人而异，最终以能传递自己的画风和表现效果为目的。

1.1.2　直线练习

直线分为水平直线、斜线及垂直线，是设计手绘中最常用的线条。正确掌握直线的画法十分重要，线条质量是衡量一个设计师手绘水平高低的重要指标。直线绘制的要点分为以下几个方面。

（1）画直线包括起笔、运笔、收笔三个环节，起笔与收笔的力度要重，运笔要流畅。初学时，起笔与收笔可回笔一次，以加重线的两端，这样有助于线条出现挺拔的效果。直线绘制的关键在于其起点与终点要强化。绘制的直线如图 1-1-3 所示。

（2）两线交点处需要作出强化及出头，这样线与线之间的连接才显稳固。两线交点处绘制如图 1-1-4 所示。

手绘效果基础训练——线的绘制

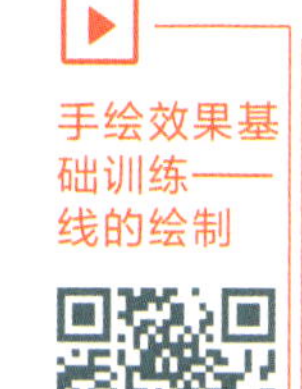

直线排线图案

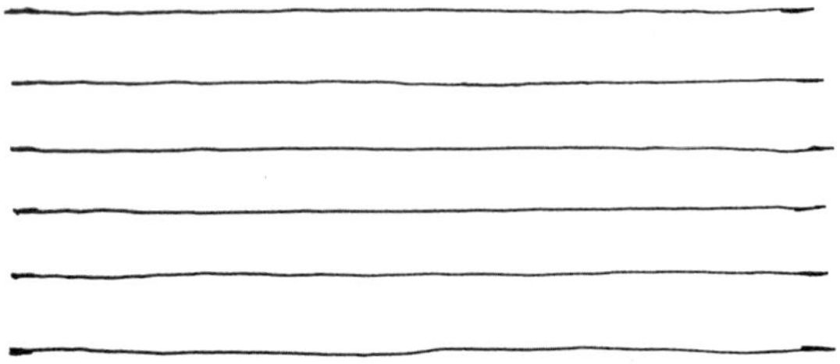

图 1-1-3

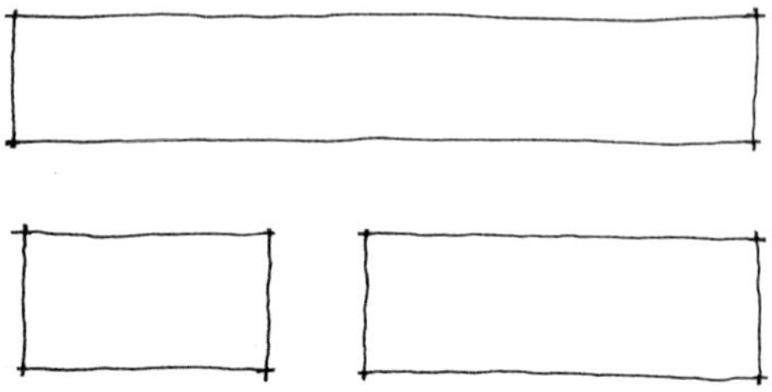

图 1-1-4

（3）画短线可以一次性完成，画长线则难于一次画完，因此，有时中间需要停顿。处理线条的停顿也十分重要，一般而言，线条不要出现搭接，如需停顿，就让线条自然断开，点一个点，之后继续画线，这样线条的衔接比较自然，更利于体现线条的美感。图 1-1-5 所示为线条的停顿处理。

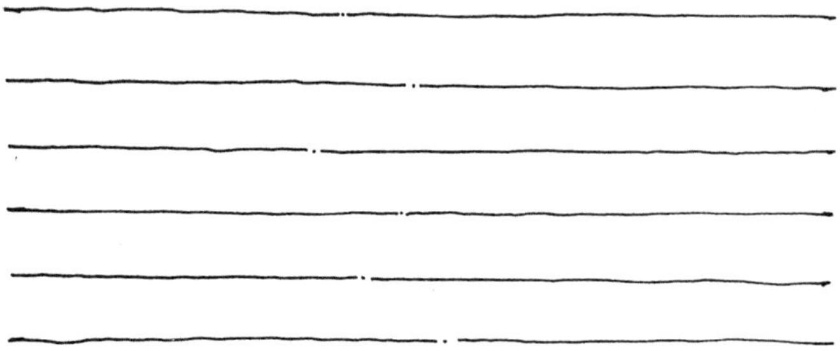

图 1-1-5

（4）画直线通常有两种运笔方式，一种为快线，另一种为慢线。快线刚直有力，挺拔直接；慢线则小曲而大直，比较自然舒缓。相比之下，快线较难控制，慢线较好控制。初学者以慢线为主，熟能生巧，熟练之后自然比较容易画出快线。图 1-1-6（a）所示为快线示意，图 1-1-6（b）所示为慢线示意。

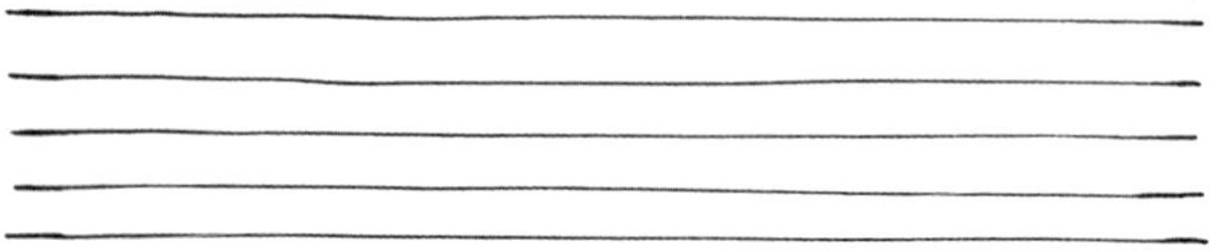

（a）

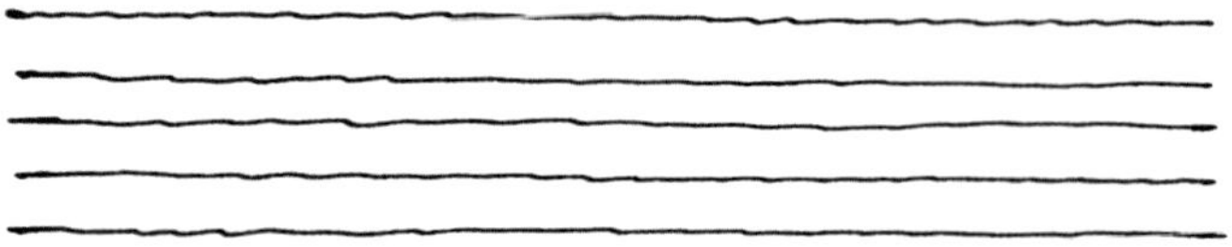

（b）

图 1-1-6

（5）直线有两种画法，一种为徒手绘制，另一种为尺规绘制。徒手绘制快速流畅，具有艺术情感，更为洒脱与随意，能更好地表示创意的灵动。尺规绘制精致准确，可以弥补徒手绘制的不工整。两种画法可根据需要选择，其原理与要点一致。图 1–1–7（a）、（c）所示为徒手绘制，图 1–1–7（b）、（d）所示为尺规绘制。

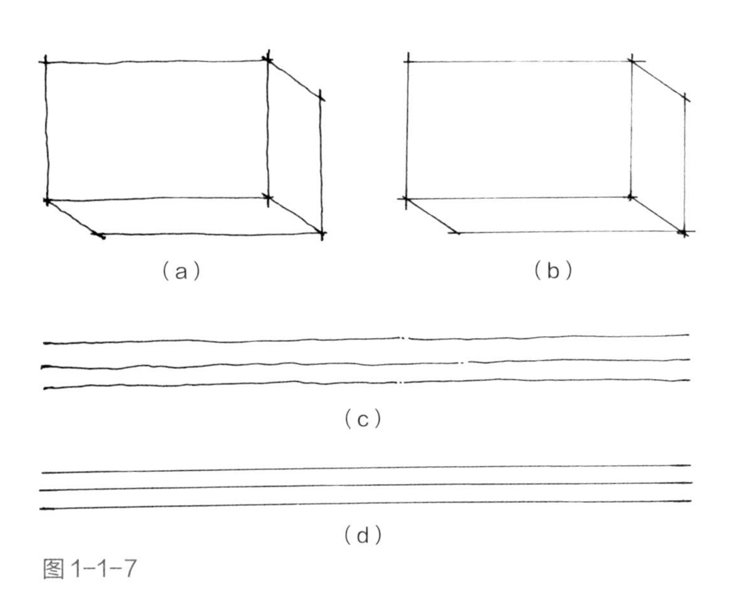

图 1–1–7

（6）练线条时，可采用两点连线的方式进行绘制，即在纸面上随意点出两点，进行连线，以此来训练各个方向的直线。设计师即使在练线条这种基本功上都应该注意画面的构图，即整个画面的和谐与完整，这对于提高设计师潜在的美学素养十分重要。图 1–1–8 与图 1–1–9 所示均为用两点连线的方式练线条。

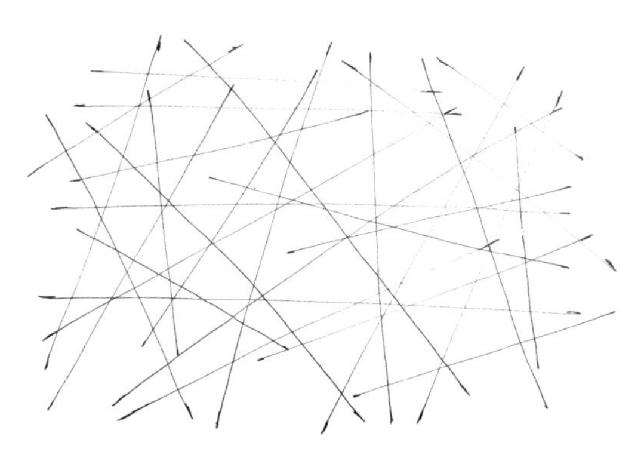
图 1–1–8

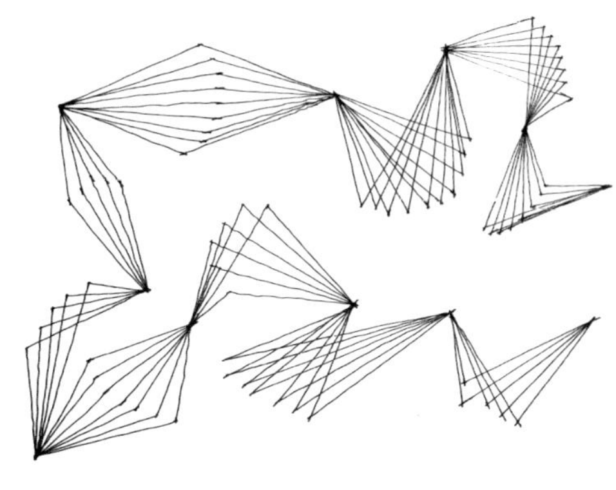
图 1–1–9

1.1.3 曲线练习

曲线是手绘表达中一种重要的线条，仅次于直线。在室内空间表达中，沙发、床品、窗帘、吊灯、工艺品等都需要熟练地运用曲线来完成，同时曲线可以更好地体现画面的情感，曲线的良好运用，会极大增加画面的情感。常见的曲线有三种，即三点曲线、多点曲线和透视曲线。

（1）三点曲线，也称弧线，是指用不在一条直线上的三个点绘制出的线条。绘制三点曲线时先定好三个点，再让笔尖快速地划过这三个点，即完成曲线绘制。绘制过程中，可根据三点曲线的长短选择以手肘或手腕为圆心，另外，曲线有飘逸与轻柔之感，因此绘制时手腕及指关节要放松，避免过于用力，如此绘制出的曲线才能变化自然。图 1–1–10 所示为三点曲线绘制练习。

（2）多点曲线，顾名思义，就是在三点曲线基础上再增加若干个点，通过这些点绘制出的曲线线条。图 1–1–11 所示为多点曲线绘制练习。

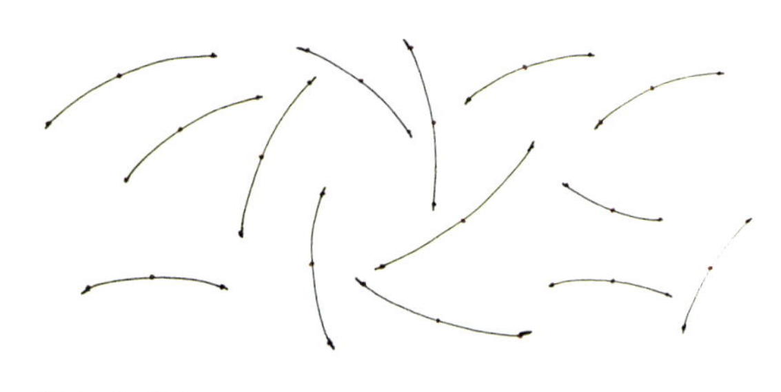

图 1–1–10

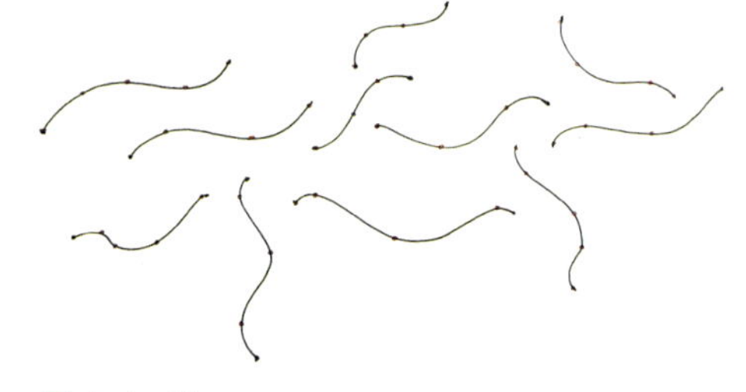

图 1–1–11

（3）透视曲线通常根据透视原理，确定关键点，之后按多点曲线画法绘制完成。因为与形体透视息息相关，这种曲线运用比较多。图 1–1–12 所示为透视曲线绘制练习。

（4）练曲线时，可采用两点连线的方式进行，可以是排线构图练习，也可以是随意多点连线练习，其方法与直线的两点连线练习一致。图 1–1–13 所示为随意多点连线练习。

图 1–1–12

图 1–1–13

1.1.4 折线练习

折线是直线与曲线之外第三种比较重要的线条，其应用于各种材质纹理及各种植物的表达与表现，良好的折线运用将使手绘设计更加生动，有助于增强手绘设计表现的丰富细致程度。其绘制要点主要有以下几个方面。

（1）严格意义上来说，折线是由多段直线或曲线组成的，因此，画好直线和曲线是画好折线的基础。绘制的关键点在线的转折上，转折力求自然洒脱，不出现反复。图 1–1–14 所示为折线练习。

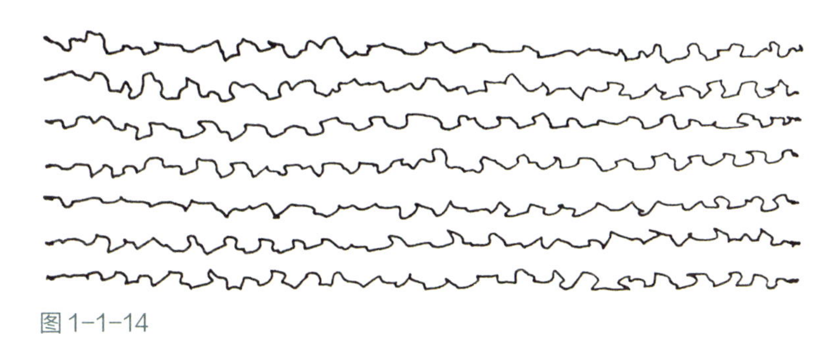

图 1–1–14

（2）较长折线会出现中断，因此折线的衔接又是一个要点，与直线一样，中断处不要搭接，而是要让其出现明显的断点，这样的衔接更为自然。有时为了植物轮廓的丰富性，折线绘制过程中会故意中断，使植物显得自然生动。图 1–1–15 所示为中断处的断点。

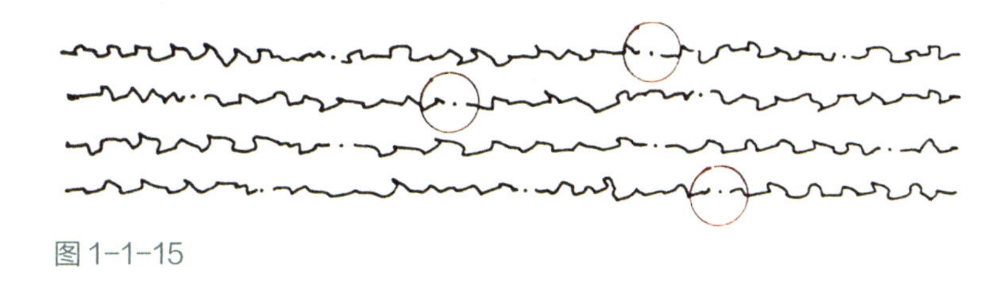

图 1–1–15

（3）使用折线表达植物轮廓时，应事先确定折线的大致位置与形状，点出关键点，之后运用折线将关键点连接起来，形成一个完整的轮廓线。图 1–1–16 中，左侧为封闭轮廓线，较为死板，右侧为留有缺口的轮廓线，较为活泼。

图 1–1–16

1.1.5 排线练习

单独的线条主要用于表现形体的轮廓，但其光影、材质的表达需要将线条排列组合来实现。线条的排列组合多种多样，需要注意的是，不论如何组织线条的排列组合，最终需要形成一个完整的构图。排线练习一方面训练了线条的绘制能力，另一方面训练了平面构图能力，这是设计师手绘表现的基本功，需要多多练习。排线的形式主要包括以下几种。

1. 等距排线（图 1-1-17、图 1-1-18）

图 1-1-17

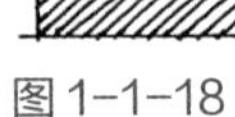

图 1-1-18

2. 渐变排线（图 1-1-19、图 1-1-20）

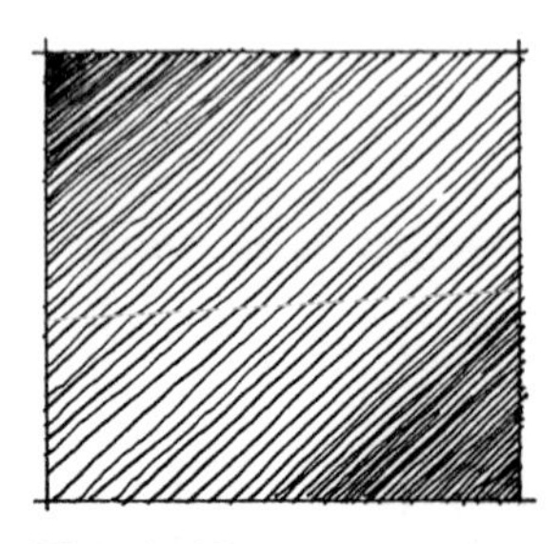

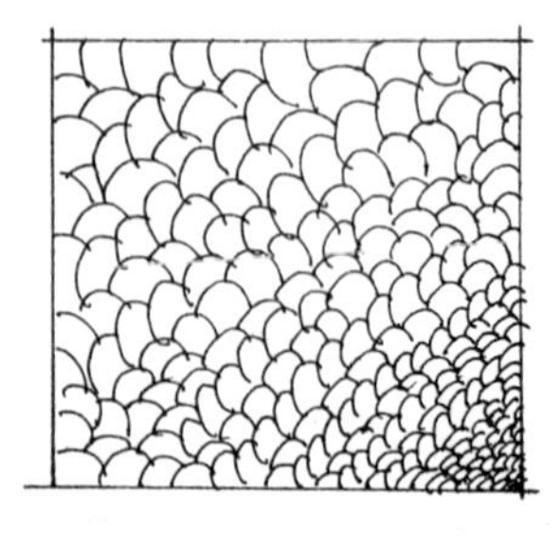

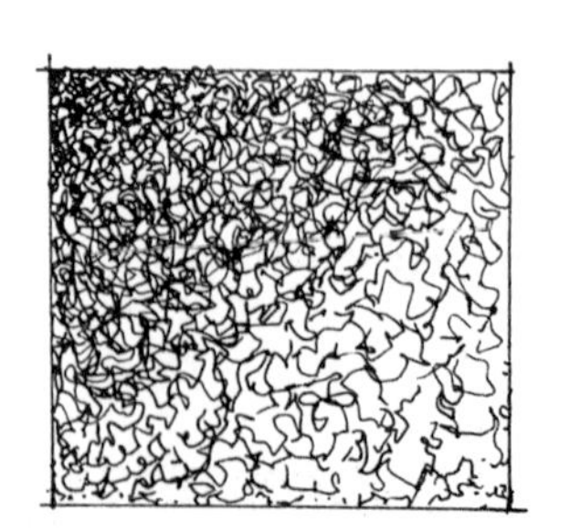

图 1-1-19

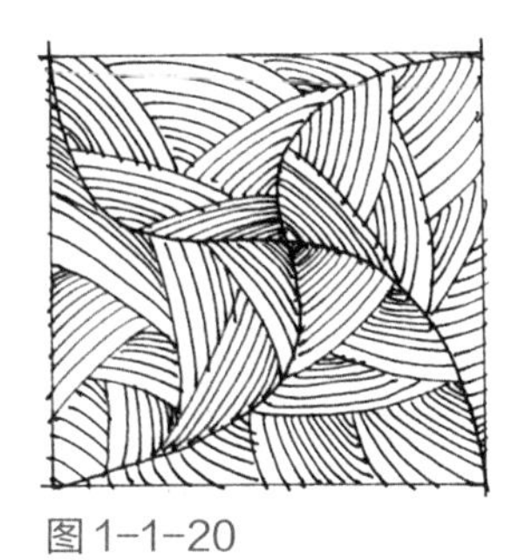
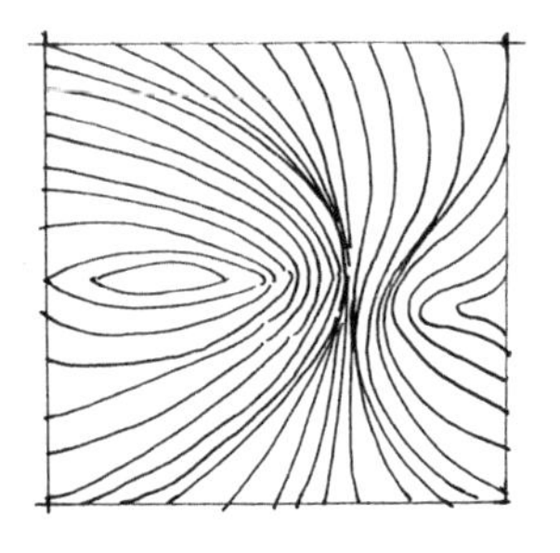
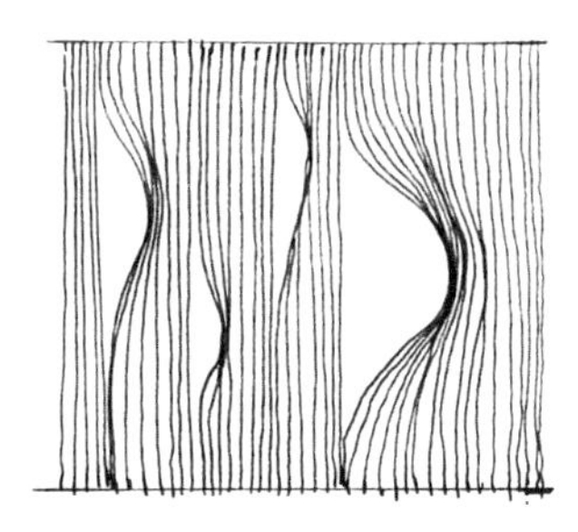

图1-1-20

3. 组合排线（图1-1-21、图1-1-22）

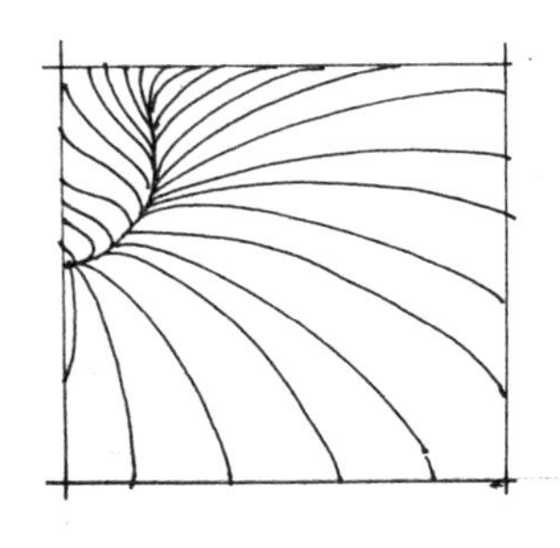
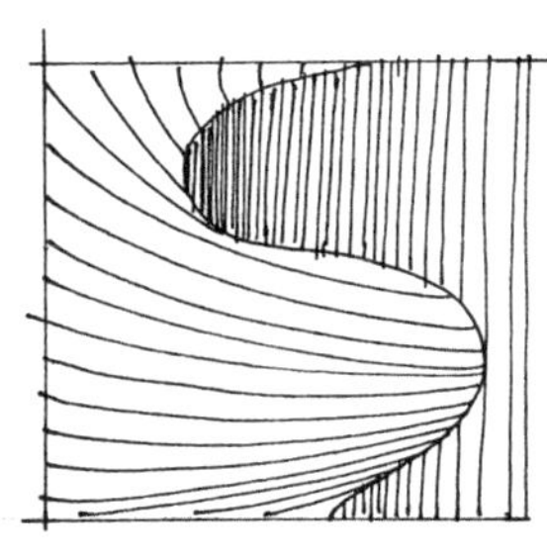
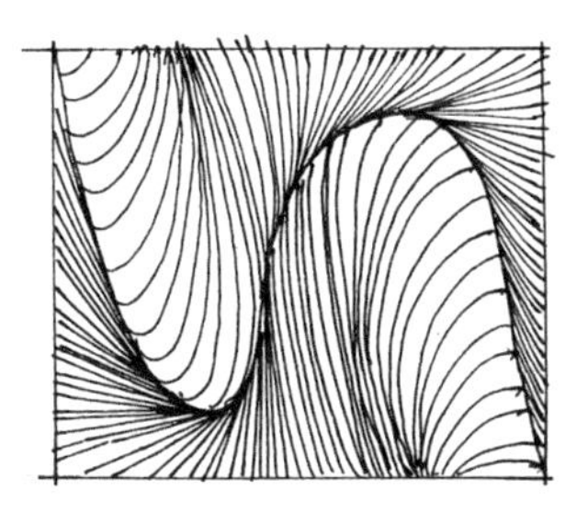

图1-1-21

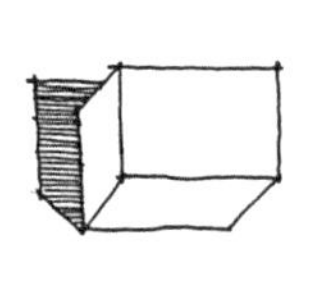
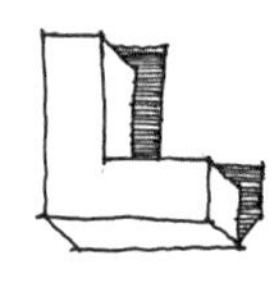
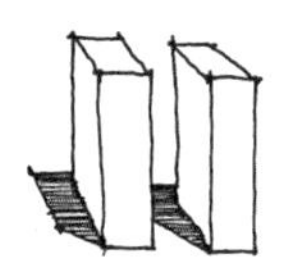
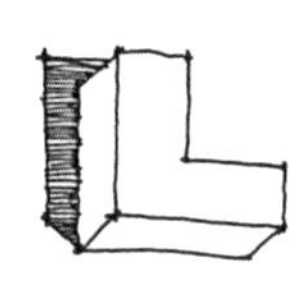
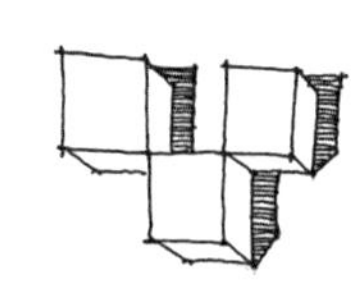
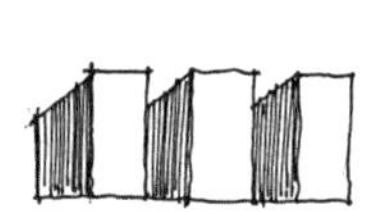
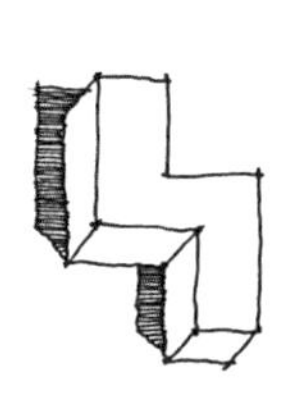
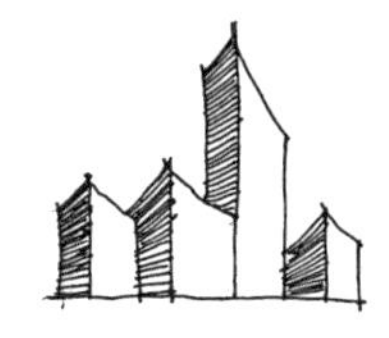
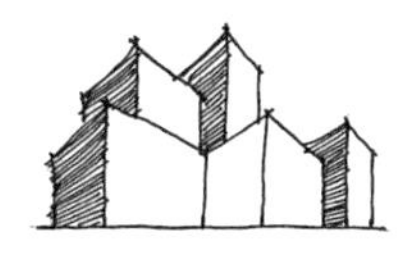

图1-1-22

随堂练习

依据图 1-1-23，进行线条随堂练习，并依据表 1-1 进行成果评价。

任务要求：注意线条的起笔与收笔，以及线条的衔接。

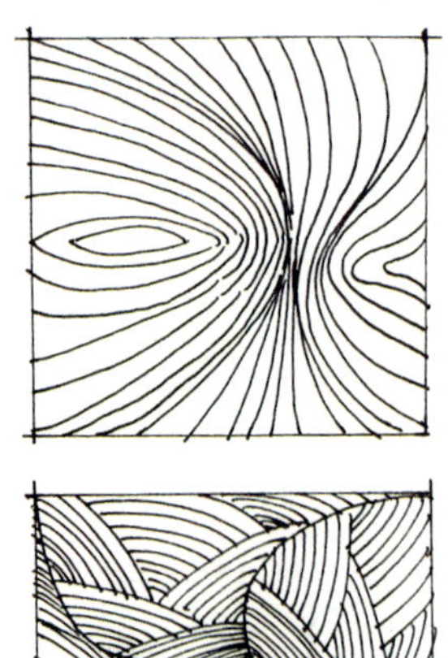

图 1-1-23

成果评价

表 1-1　成果评价

评价内容	评价标准	权重	分项得分
构图	构图完整合理，有美感	3	
线条起笔、收笔	起笔、收笔明确，略重	3	
线条衔接	衔接自然流畅，不重叠	2	
线条表现	舒展、流畅、自然	2	
合计		10	

1.2 配景线稿表达

在完成线条的学习与训练之后，就进入到配景线稿表达的阶段，也就是将学习到的不同种类的线条，用于室内外配景的表达，从装饰小品的表达，到材质的表现。本书选取室内外手绘设计常用的配景元素进行示范与表达，意在使学生掌握配景的表达要领与具体画法。

1.2.1 摆件小品线稿表达

摆件小品是室内空间重要的配景元素，恰当运用摆件小品会使空间品质极大提升。在室内环境营造中，摆件小品十分重要，当前越来越多的业主接受“轻装修重装饰”的观念，因此学习摆件小品的手绘表达是十分必要的。

1. 摆件小品线稿绘制步骤

要完成图 1-2-1 所示摆件小品的线稿表达，可按照图 1-2-2 所示步骤进行绘制，具体步骤如下。

（1）建议初学者用铅笔起稿，勾出轮廓。

（2）用墨线强化轮廓线，以及进行细节刻画。

（3）增加光影关系，线稿绘制完成。

图 1-2-1

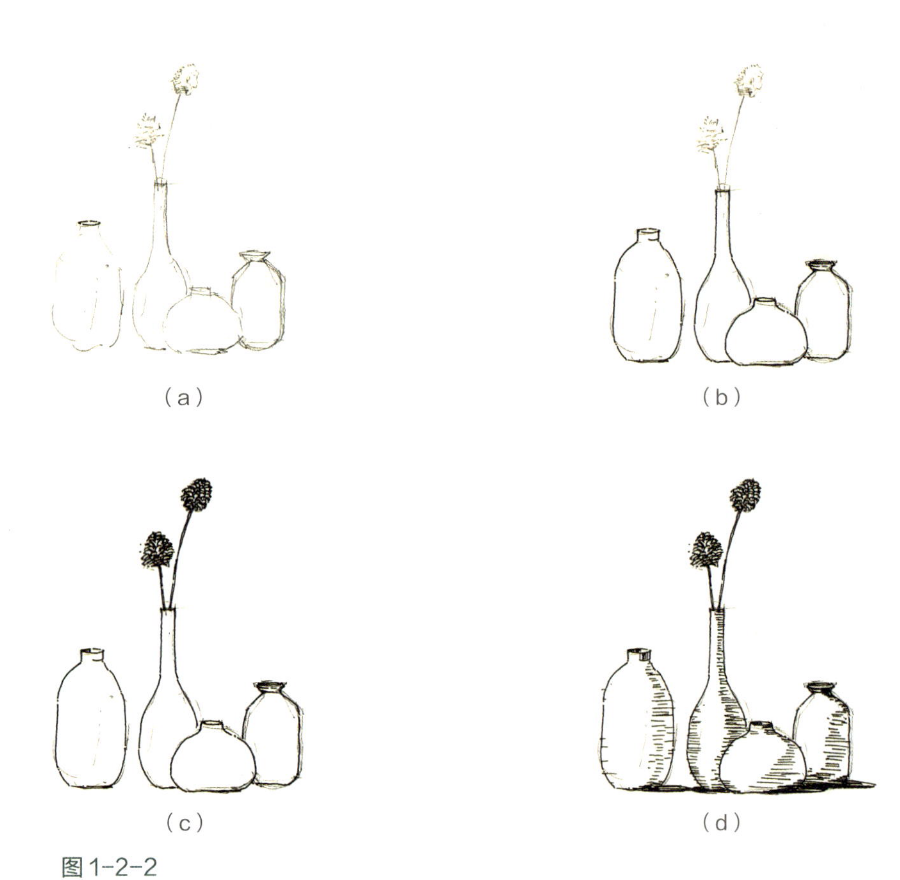

图 1-2-2

2. 摆件小品手绘案例展示（图 1-2-3、图 1-2-4）

图 1-2-3

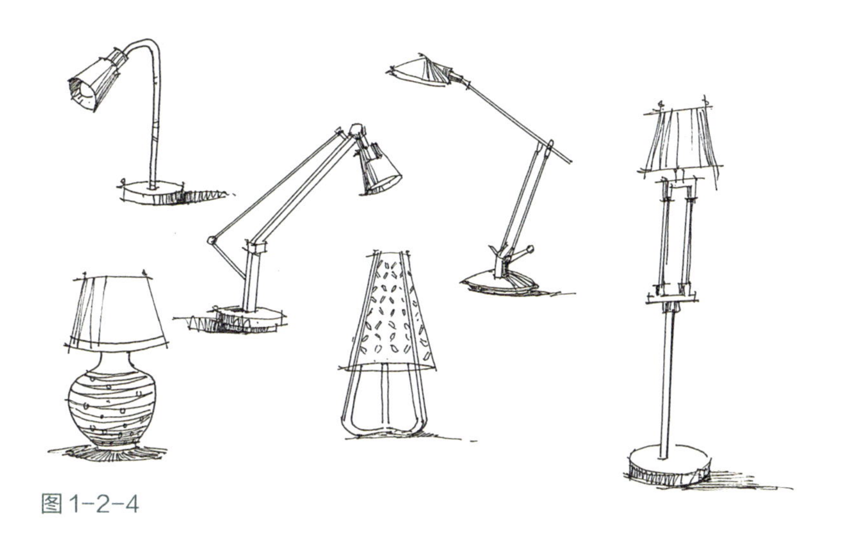

图 1-2-4

1.2.2 木制品线稿表达

木制品是室内外空间重要的配景元素，木制品给人以温馨安定的感觉。木材是一种有生命的材料，我国古代建筑以木结构为主，体现了中华民族生生不息的内在精神。直到现在，木制品仍然是室内外空间的重要元素之一，尤其是居住空间，木制品可以增强家庭的温馨感，因此学习木制品的手绘表达是十分重要和必要的。

1. 木制品线稿绘制步骤

要完成图 1-2-5 所示木制品的线稿表达，可按照图 1-2-6 所示步骤进行绘制，具体步骤如下。

图 1-2-5

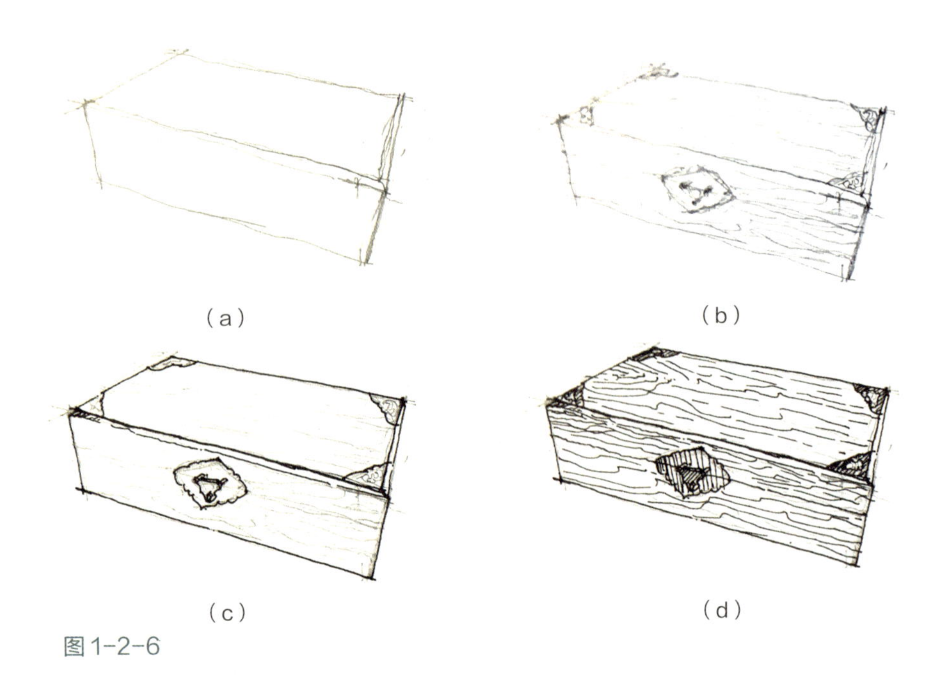

（a）　（b）

（c）　（d）

图 1-2-6

（1）用铅笔起稿，勾出轮廓。

（2）用铅笔增加木材纹理。

（3）用墨线勾轮廓。

（4）刻画细节。

（5）用墨线增加木材纹理。

2. 木制品手绘案例展示（图 1-2-7、图 1-2-8）

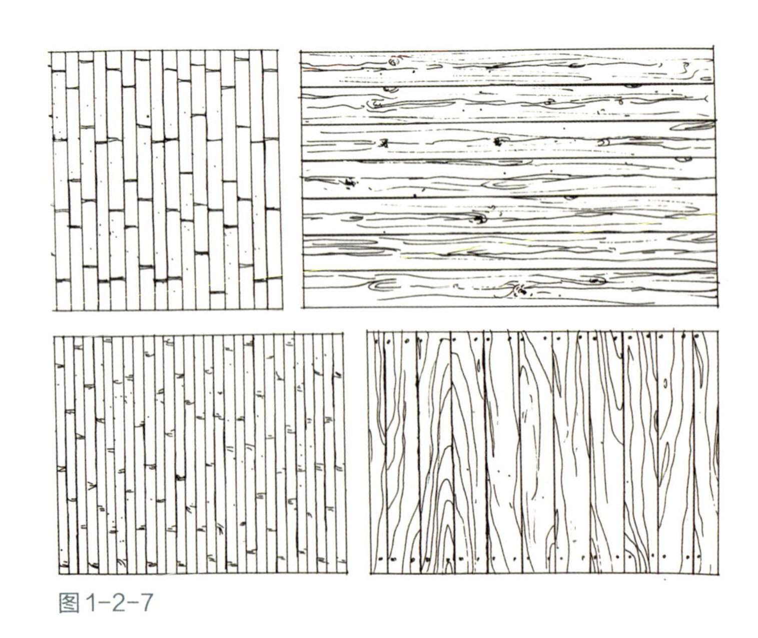

图 1-2-7

图 1-2-8

1.2.3 纺织品线稿表达

纺织品是室内空间必备的元素，室内空间各种直接与身体接触的部分大多是纺织品，如被品、窗帘、床垫等，其柔软的特性给人以舒适的感觉。不论古今，纺织品都是人们生活的必备元素，因此学习纺织品的手绘表达是设计师手绘学习中的要点之一。

1. 纺织品线稿绘制步骤

要完成图 1-2-9 所示纺织品的线稿表达，可按照图 1-2-10 所示步骤进行绘制，具体步骤如下。

图 1-2-9

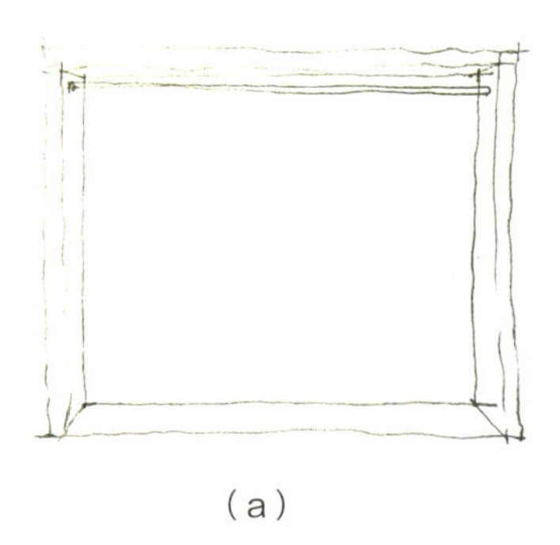

（a）

（b）

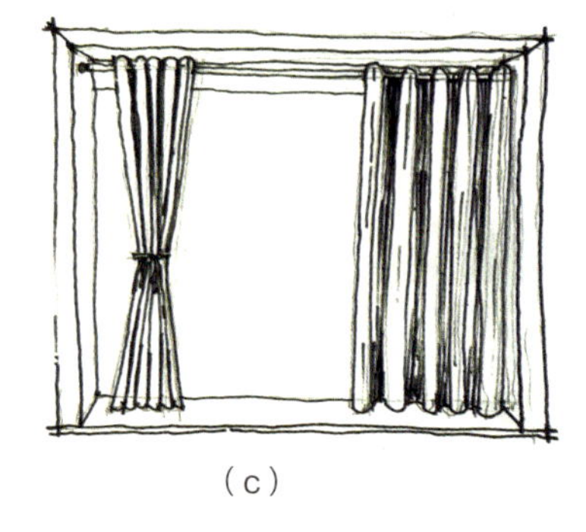

（c）

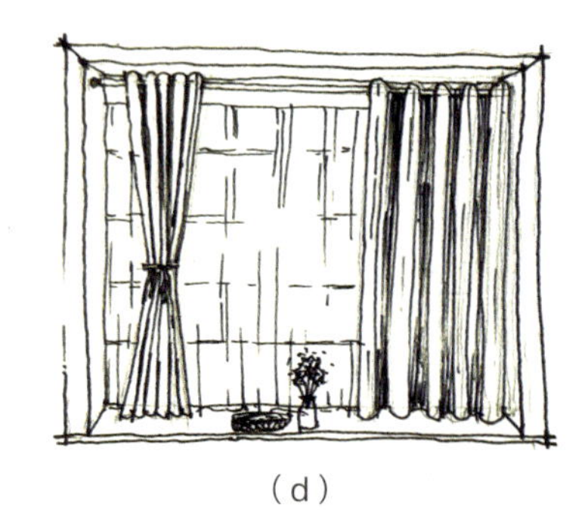

（d）

图 1-2-10

（1）用铅笔起稿，确定大致范围及轮廓。

（2）绘制窗帘褶皱部分。

（3）增加光影关系。

（4）墨线绘制。

（5）增加局部细节，调整构图。

2. 纺织品手绘案例展示（图 1-2-11）

图 1-2-11

1.2.4 石材线稿表达

石材是室内外空间必备的元素，不论是室内的大理石地面，还是室外的各种石材铺装，都需要石材的表现，因此石材线稿的表达是设计师手绘学习的一个重点内容。

图 1-2-12

1. 石材线稿绘制步骤

要完成图 1-2-12 所示石材的线稿表达，可按照图 1-2-13 所示步骤进行绘制，具体步骤如下。

（1）用铅笔起稿，绘制轮廓。

（2）用铅笔增加大理石纹理，注意纹理绘制不可用重笔。

（3）墨线绘制。

（4）增加局部细节和阴影关系。

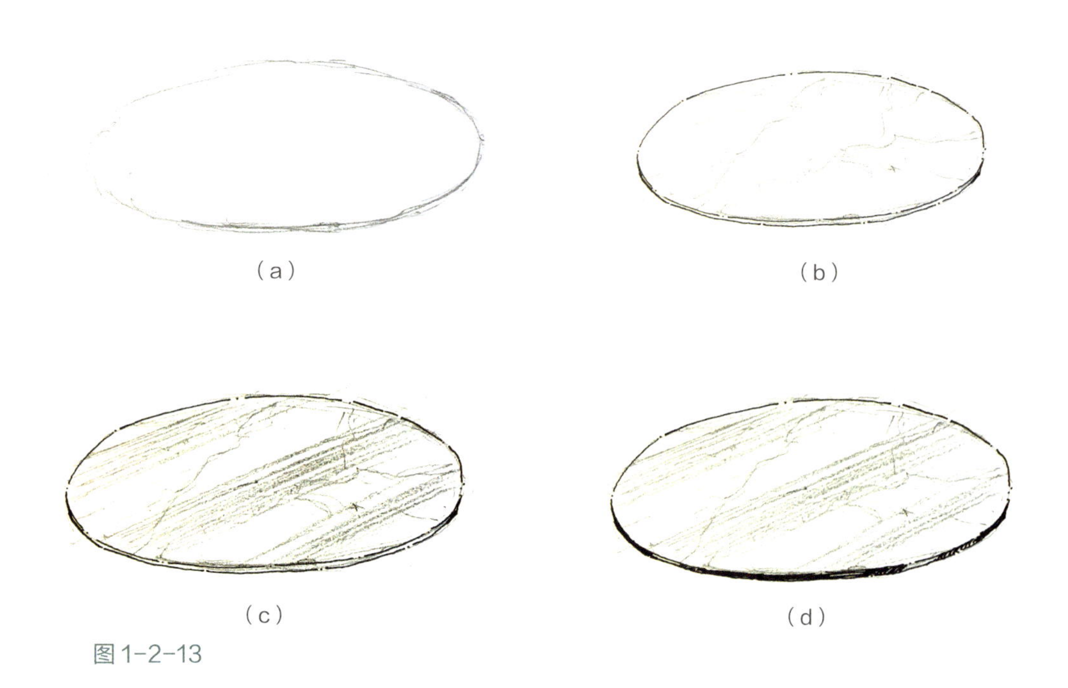

（a）（b）（c）（d）

图 1-2-13

2. 石材手绘案例展示（图 1-2-14、图 1-2-15）

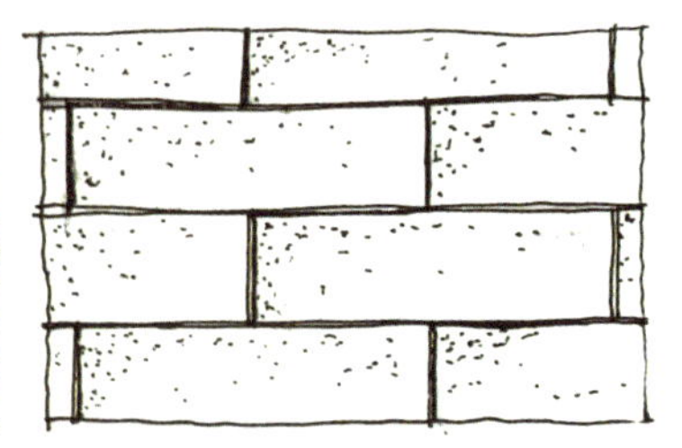

图 1-2-14

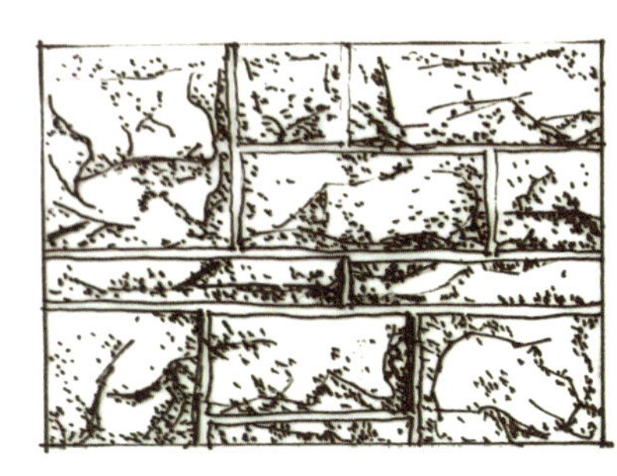

图 1-2-15

1.2.5　玻璃线稿表达

玻璃是室内外空间必不可少的元素，现代社会，任何空间只要开窗，就会用到玻璃这一材质，因此学习玻璃的手绘表达十分重要。玻璃的特点是透射性、折射性、反射性。掌握玻璃的特点是学习玻璃线稿表达的基础。

1. 玻璃线稿绘制步骤

要完成图 1-2-16 所示玻璃茶几的线稿表达，可按照图 1-2-17 所示步骤进行绘制，具体步骤如下。

玻璃材质
线稿演示

（1）用铅笔绘制玻璃茶几轮廓。

（2）绘制闹钟与书籍。

（3）用墨线强化轮廓线。

（4）画出局部地面与窗帘，意在使玻璃反应周边环境。

（5）透过玻璃绘制地面与窗帘，注意穿过玻璃后，光线偏折，以及物体清晰度降低。

（6）使用快斜线绘制玻璃反光效果，及刻画细节。

图1-2-16

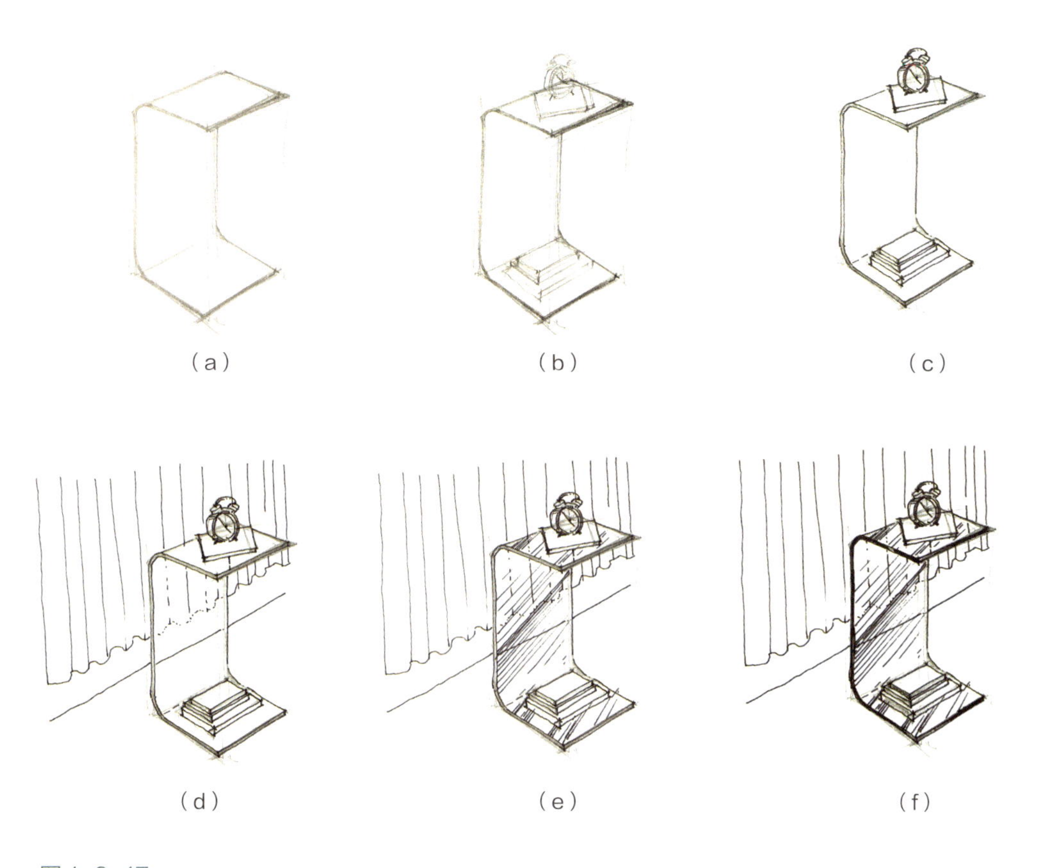

（a） （b） （c）

（d） （e） （f）

图1-2-17

2. 玻璃手绘案例展示（图 1-2-18、图 1-2-19）

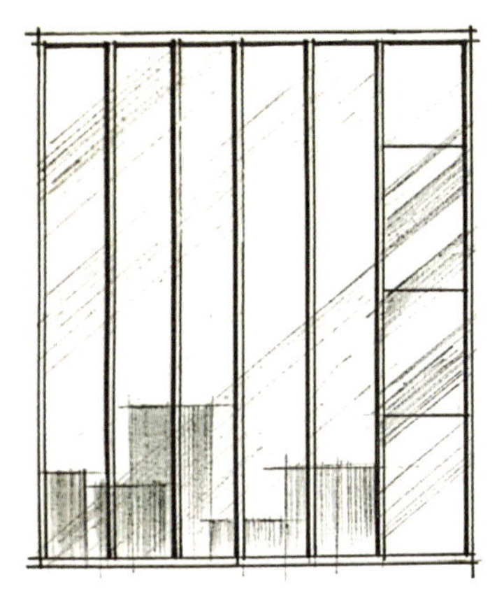
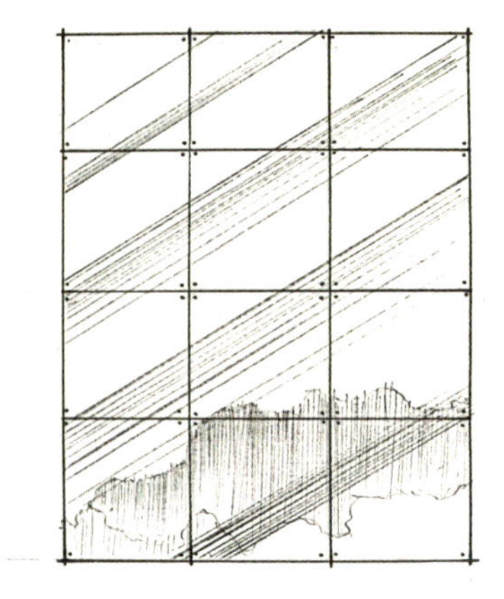

图 1-2-18

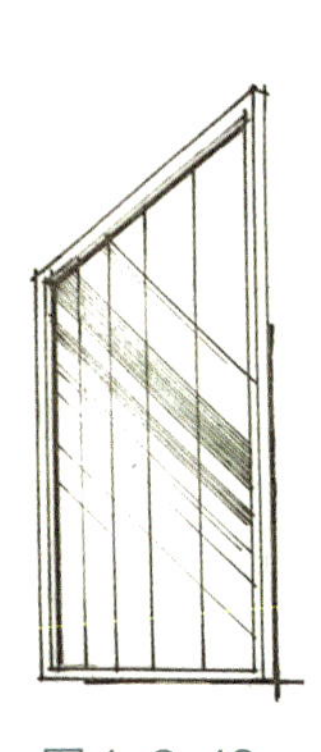
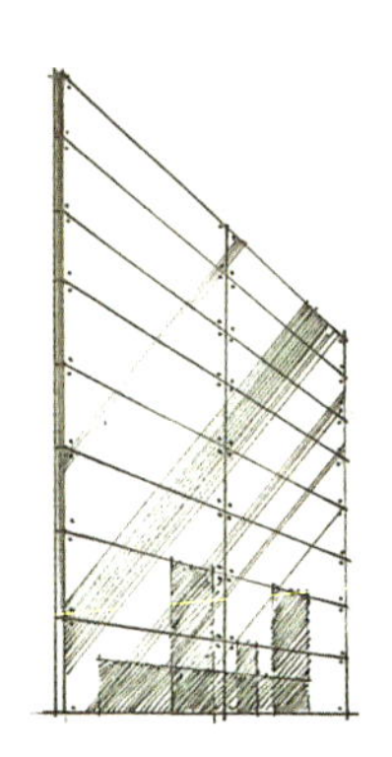
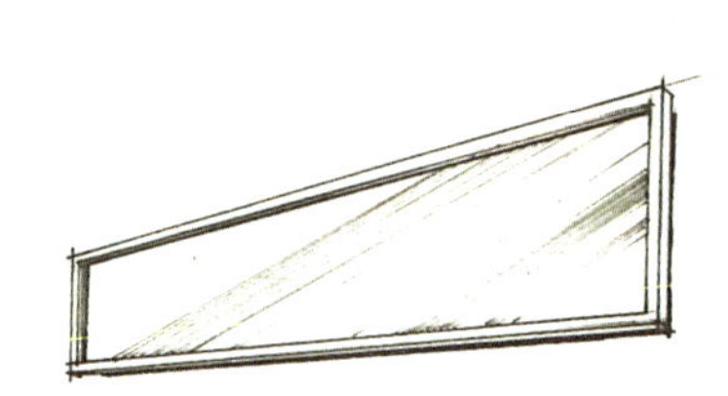
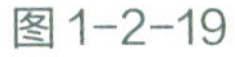

图 1-2-19

1.2.6 水体线稿表达

水是生命之源，水作为一种空间要素，在室内时，增加了室内空间的生动感；在室外时，室外的喷泉给人以欢乐的感觉，室外平静的水面，可以产生建筑的倒影，使建筑美感增加。水体元素越来越成为手绘设计表现的要素之一。

1. 水体线稿绘制步骤

要完成图 1-2-20 所示水体的线稿表达，可按照图 1-2-21 所示步骤进行绘制，具体步骤如下。

图 1-2-20

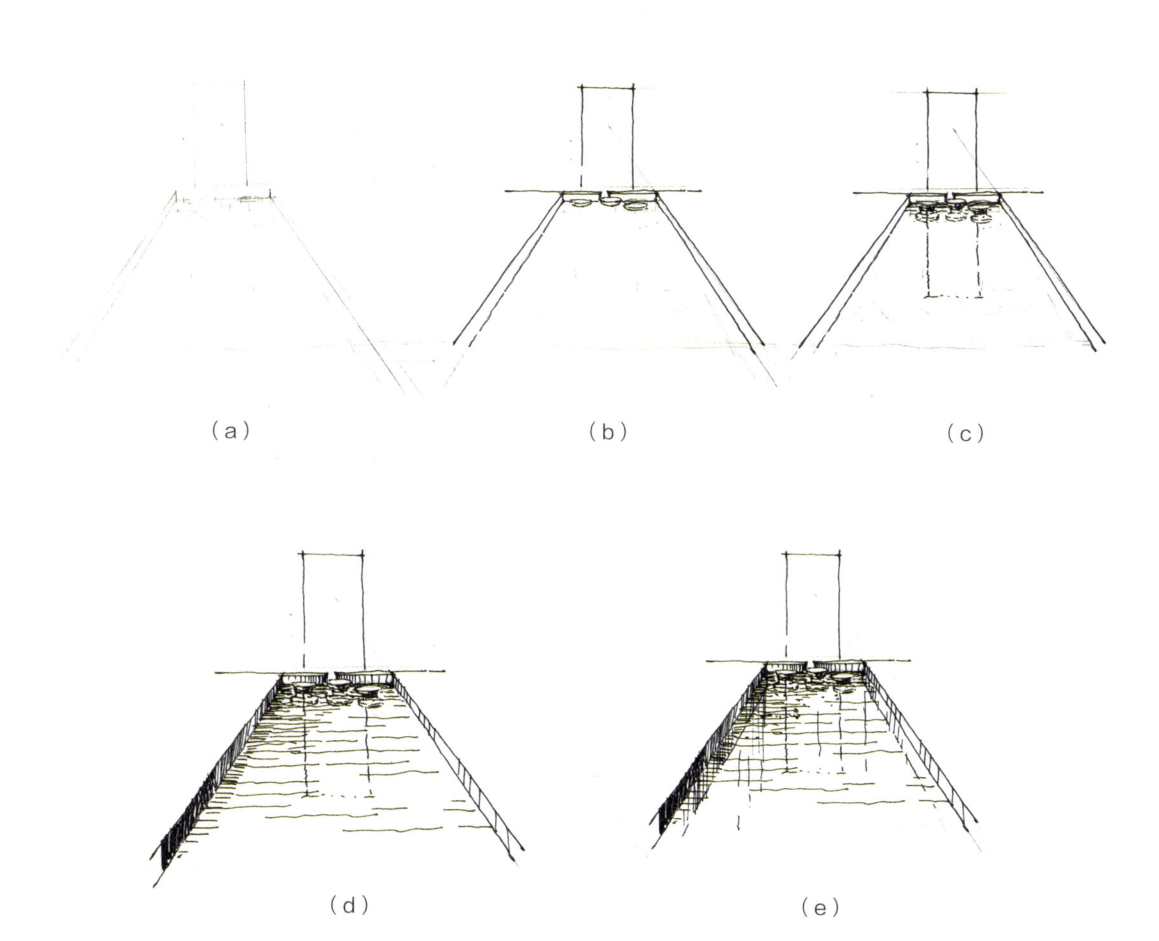

图 1-2-21

（1）用铅笔起稿，绘制轮廓。

（2）绘制水面范围，以及主要景观体块。

（3）用墨线绘制。

（4）绘制景观体块在水面的倒影，镜像绘制，同时虚化对象。

（5）绘制水面波纹，由远及近，逐渐变疏。

（6）调整画面，增加局部细节。

2. 水体手绘案例展示（图 1-2-22、图 1-2-23）

图 1-2-22

图1-2-23

1.2.7 山石线稿表达

室外景观山石表达，是景观设计的常用元素。中国古典园林中，很早就有山石的运用，而且产生了一系列山石运用的法则，比如“瘦漏皱透”等，现代景观设计也将这种审美观念沿袭下来，因此，学习景观山石的手绘表达对景观手绘设计表达十分重要。

1. 山石线稿绘制步骤

要完成图1–2–24所示山石的线稿表达，可按照图1–2–25所示步骤进行绘制，具体步骤如下。

（1）用铅笔起稿，绘制山体轮廓。

（2）用墨线绘制，注意山体比较硬朗，因此使用折线较多。

（3）绘制山体光影关系，注意使山体呈现立体感。

（4）绘制地面，以横向线条为主。注意山体挺拔以竖向线条为主，地面则以横向线条为主。

（5）调整画面，完善构图。

图 1-2-24

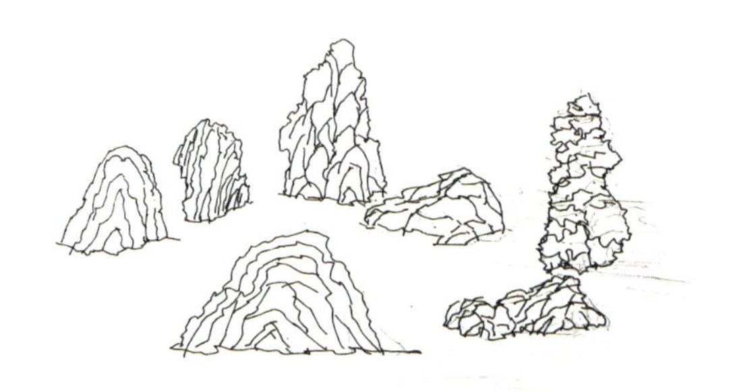

（a）

（b） （c）

图 1-2-25

2. 山石手绘案例展示（图 1-2-26）

图 1-2-26

1.2.8 人物线稿表达

人物是表现空间尺度的重要元素，因此，人物的手绘表达是设计师学习设计手绘的重要组成部分，其意在通过人物的尺度，表现空间的尺度，而并非人物的精细表现。因此，在学习人物线稿手绘表达的过程中，重在领会人体的整体比例与轮廓。

人物线稿演示

1. 人物线稿绘制步骤

要完成图 1-2-27 所示人物的线稿表达，可按照图 1-2-28 所示步骤进行绘制，具体步骤如下。

（1）用铅笔起稿，勾出轮廓。

（2）用墨线绘制，注意只需画出人物的大体比例即可，不需要深入刻画。原因在于人物在画面中只是一个尺度，是配景。

（3）注意头部与身体之间断开，以体现人体的比例与尺度。连起来容易出现脖子短的情况，需注意。

（4）完成整个人物轮廓以后，增加皮包材质及衣物材质，重在强调人物比例关系。

（5）绘制光影关系，线稿绘制完成。

图 1-2-27

图 1-2-28

2. 人物手绘案例展示（图 1-2-29）

图 1-2-29

1.2.9 植物线稿表达

植物是有生命的，在室内空间摆一些植物小品会大大增加空间的生动感，同时也会使室内空间充满生活的亲切感及自然的舒适感。在室内外设计中都会用到植物，甚至当前很多高层建筑设计也增加了植物的空间，以体现自然与建筑的融合效果。因此，设计师学习植物手绘表现是十分重要和必要的。

盆景线稿演示

1. 植物线稿绘制步骤

要完成图 1-2-30 所示植物的线稿表达，可按照图 1-2-31 所示步骤进行绘制，具体步骤如下。

（1）用铅笔起稿、定位、构图，注意不需要画完植物的所有细节，可根据构图需要进行重点表达。

（2）用墨线绘制，勾出植物形态、枝叶。

（3）增加局部枝叶的纹路与细节。

（4）增加光影关系，意在突出植物的立体感。

图 1-2-30

图 1-2-31

2. 植物手绘案例展示（图 1-2-32、图 1-2-33）

图 1-2-32

图 1-2-33

知识拓展

相对于现代设计手绘线稿，我国传统绘画也有一本传世的绘画线稿入门书《芥子园画谱》，又称《芥子园画传》（图 1-2-34），其囊括树谱、山石谱、人物屋宇谱、梅兰竹菊谱、花卉草虫翎毛谱等。该书自出版三百多年以来，不断扩展出新，历来被世人所推崇，为世人学画必修之书。在它的启蒙和熏陶下，培养和造就了无以计数的中国画名家。相传齐白石（图 1-2-35）读《芥子园画谱》的用功程度惊人，将其临摹数遍，得其要旨，将所学之法与师法相结合，超脱古人，自创一格，终成大家。

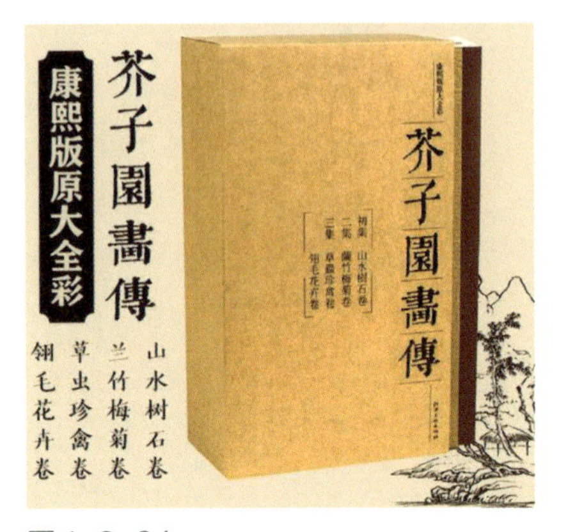

图 1-2-34

图 1-2-35

随堂练习

绘制配景线稿，参考前文案例展示进行临摹，并根据表 1-2 进行成果评价。

任务要求：注意整体构图、材质细节表现、光影关系、线条的起笔与收笔，以及线条的搭接。

成果评价

表 1-2　成果评价

评价内容	评价标准	权重	分项得分
构图	构图完整合理，有美感	3	
线条应用表现	起笔、收笔明确，衔接自然流畅，不重叠	3	
材质细节表现	材质细节丰富，有质感	2	
光影关系表达	光影表达明确	2	
合计		10	

1.3 平立面线稿表达

在学习完配景线稿表达之后，进入到平立面线稿表达。学习手绘表现的目的是辅助设计，将自己的设计、想法通过手绘表现出来，因此，学习平立面线稿表达就成为整个设计手绘表达的基础。学习平立面线稿表达，对设计师提高设计水平十分有利，同时也是最为简洁有效的交流与推敲设计的工具。

1.3.1　平面线稿表达

设计是从平面规划开始的，在设计之初，最为方便、快速、常用的平面规划方式就是手绘，因此学习平面手绘是设计表达的基础，一个设计师的平面规划水平通常与其平面手绘能力相符，经验越丰富的设计师，其平面手绘能力就会越强。通过平面手绘的学习，增强平面规划能力、推敲能力和设计能力。

1. 平面线稿绘制步骤（图 1-3-1）

（1）使用铅笔与比例尺绘制平面网格，以 1m × 1m 为单位，比例为 1 : 50。

（2）用铅笔绘制墙体、门窗。

（3）用铅笔绘制家具、设施。

（4）用墨线绘制，先画门窗，以免后面不小心将其覆盖。

（5）绘制墙体，填充墙体。

（6）绘制室内家具。

（7）绘制室内地面纹理，重在区分不同地面。

（8）标注尺寸，一般为两道尺寸线。

（9）标注平面主要布置名称。

（10）查漏补缺，擦去铅笔线。

2. 平面手绘案例展示（图 1-3-2）

1.3.2　立面线稿表达

在平面规划完成之后，通常进入到立面规划与设计阶段，那么立面的手绘表达就显得十分重要。整个空间设计从平面规划开始，到立面设计表达，逐步完善，进而才有整体空间的表达。因此，立面手绘表达的学习是平面规划到整体空间规划的桥梁。

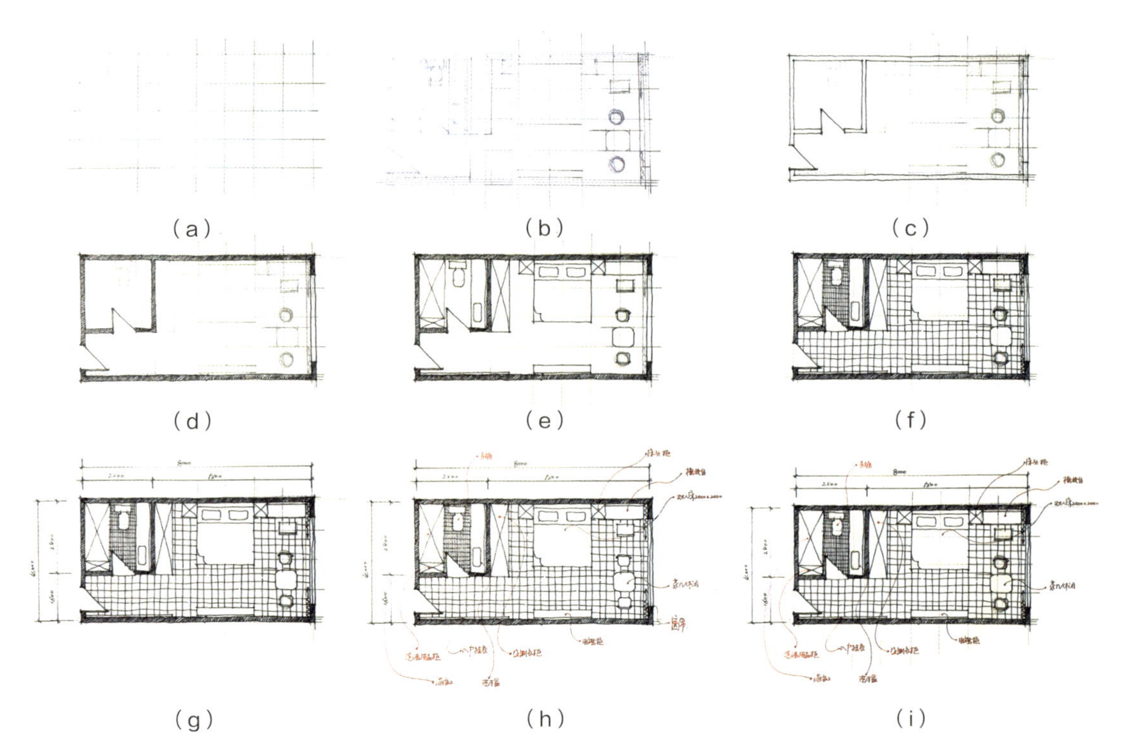
(a)
(b)
(c)
(d)
(e)
(f)
(g)
(h)
(i)

图 1-3-1

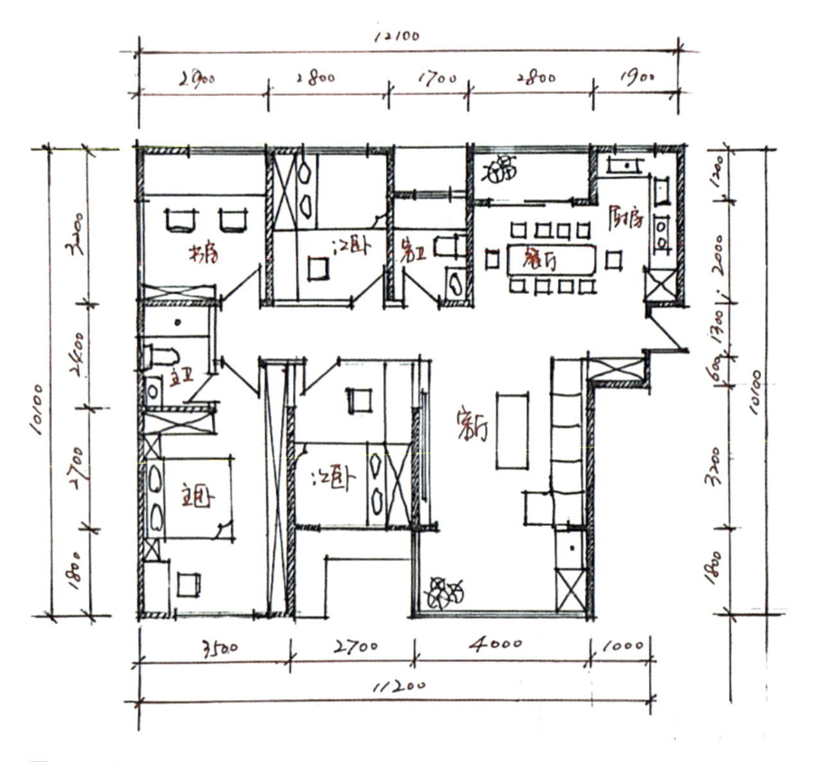
12100
2900
2800
1700
2800
1900
书房
次卧
卫
厨房
餐厅
卫
客厅
次卧
主卧
3200
2400
2700
1800
10100
1200
2000
1700
600
3200
1800
10100
3500
2700
4000
1000
11200

图 1-3-2

1. 立面线稿绘制步骤（图 1-3-3）

（1）使用铅笔和比例尺绘制立面网格，以 1m × 1m 为单位，比例为 1 : 50。

（2）绘制顶板、地面和墙体。

（3）绘制吊顶线，应在吊顶处表示灯带与窗帘位置。

（4）绘制立面元素，如挂衣区、电视墙、挂画等。

（5）用墨线绘制，注意纹理线应用细线，不可喧宾夺主。

（6）标注尺寸，一般为两道尺寸线。

（7）标注立面材质与部位名称。

（8）查漏补缺，擦去铅笔线。

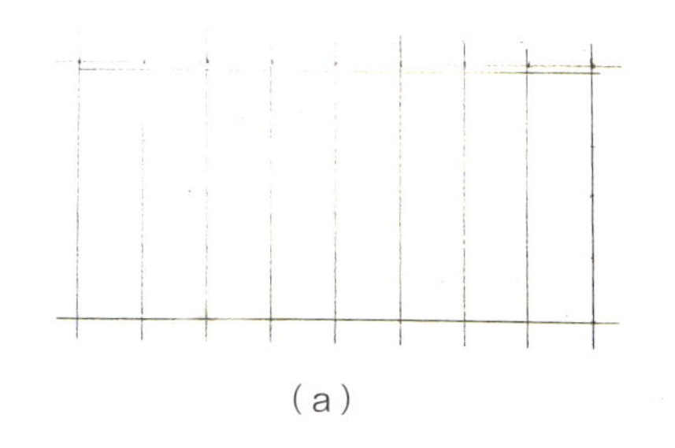
（a）

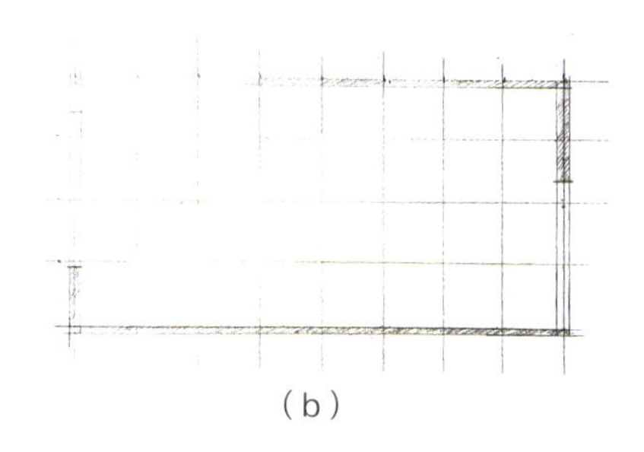
（b）

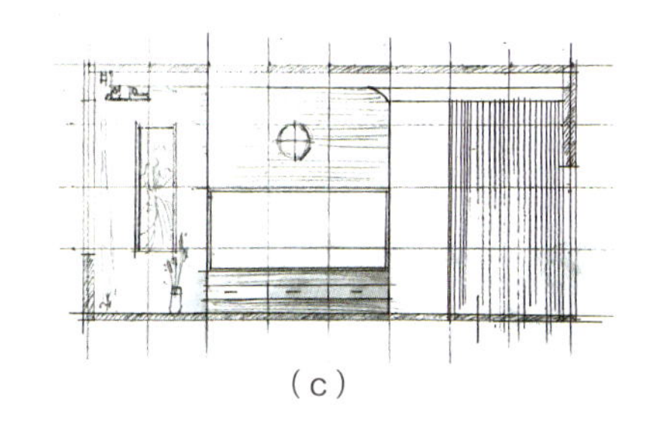
（c）

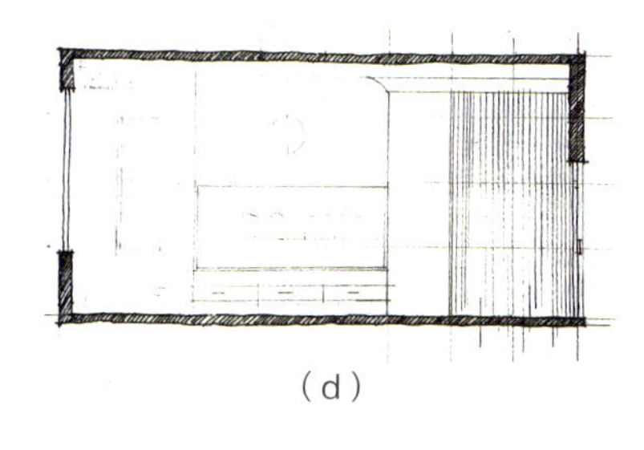
（d）

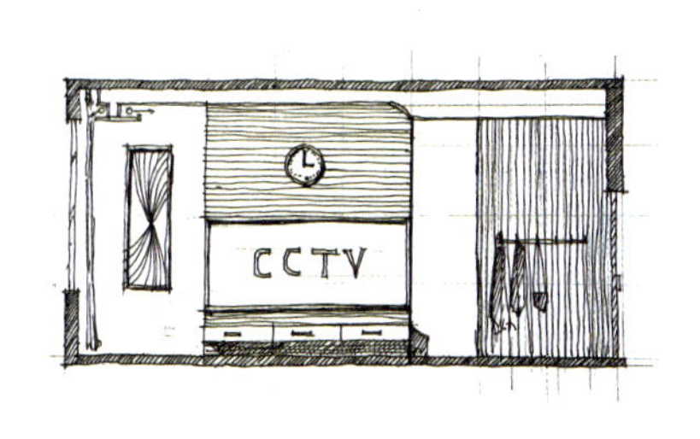

（e）

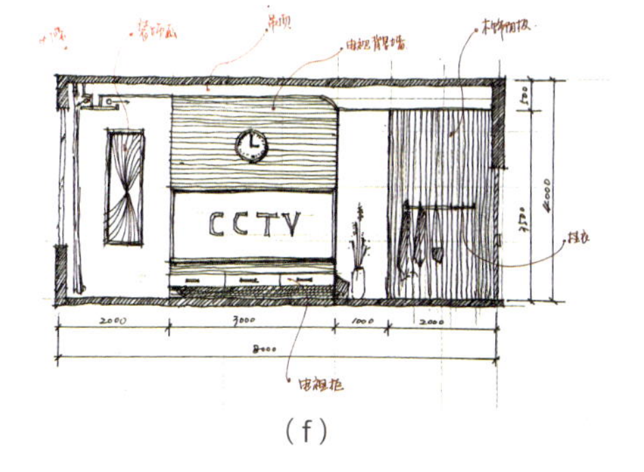

（f）

图 1-3-3

2. 立面手绘案例展示（图 1-3-4）

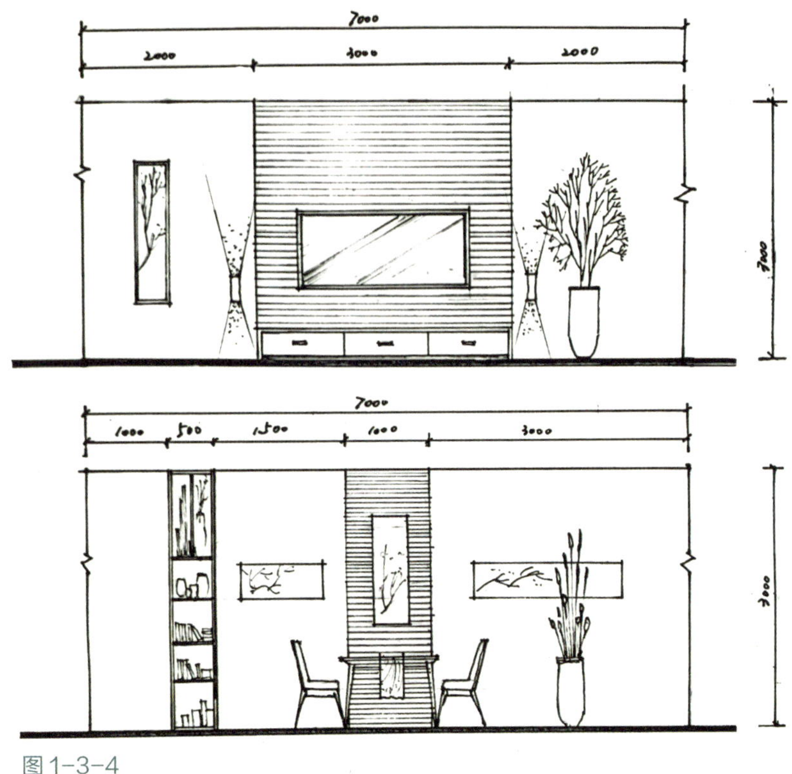

图 1-3-4

随堂练习

绘制平立面线稿，参考前文案例展示进行临摹，并根据表 1-3 进行成果评价。

任务要求：注意整体构图及墙体、门窗表现，平面家具尺度与表现，线条表现。

成果评价

表 1-3　成果评价

评价内容	评价标准	权重	分项得分
构图	构图完整合理，有美感	3	
墙体、门窗表现	墙体、门窗细节准确、丰富	3	
平面家具尺度与表现	家具尺度准确，形态自然	2	
线条表现	流畅自然	2	
合计		10	

模块小结

本模块主要阐述了线条的基本画法与类型，以及不同线条的应用与训练。通过学习线条的特点与运用技法，进而掌握室内外各种配景的表现，最后运用线条表现立面与平面，达到辅助设计的目的。总之，线条是手绘表现的基础，也是手绘表现的灵魂，熟练掌握线条的运用是学习手绘设计的必备技能。

模块检测

一、单选题

1.（　）不是徒手绘制直线的优点。

A. 快速流畅　　B. 精致准确　　C. 洒脱与随意　　D. 能更好地表述创意

2. 常见的曲线有三种，不包含（　）。

A. 三点曲线　　B. 多点曲线　　C. 透视曲线　　D. 自然曲线

3. 手绘表现中，光影、材质的表达需要通过（　）来实现。

A. 直线　　B. 曲线　　C. 折线　　D. 线条的排列组合

4. 用（　）表达，可以体现树冠的基本形态。

A. 波浪线　　B. 直线　　C. 齿轮线　　D. 曲线

二、填空题

1. 直线是设计手绘中最常用的线条，一般分为（　　）、（　　）及（　　）三种。

2. 画线要靠（　　）运动来完成。画横线的时候运用（　　）来移动，画竖线的时候运用（　　）来移动，短的竖线也可以运用（　　）来移动。

3. 常见的排线类型有（　　）、（　　）和（　　）三种。

三、判断题

1. 当画长线中间出现停顿，继续画时，要搭接重复一小段，这样线与线之间的连接才显稳固。（　）

2. 在室内空间表达中，沙发、床品、窗帘，吊灯、工艺品等都需要熟练地运用曲线来完成。（　）

3. 画好折线关键点在线的转折上，转折力求自然洒脱，不出现反复。（　）

模块 2

色彩表现

思维导图

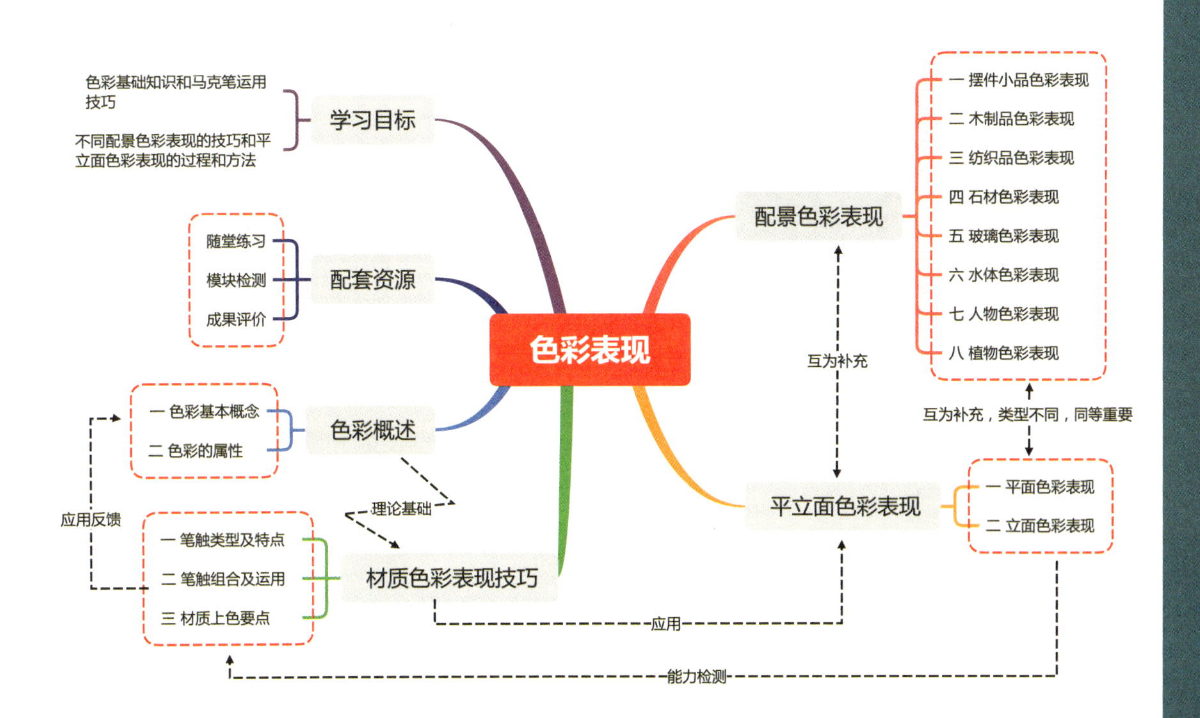

导读

党的二十大报告提出，推进文化自信自强，铸就社会主义文化新辉煌。优秀设计师创造出美丽的作品，有利于增强文化自信自强。色彩表现是优秀设计师需要掌握的重要技巧。

本模块我们将探讨如何通过手绘方式表达物体的材质和色彩，这将有助于提高我们的表现技能和创作能力。

在手绘表现中，不同的材质具有不同的色彩、纹理、光感和特性。本模块通过色彩原理、色彩对比及不同的笔触技巧来讲解不同材质的纹理。材质可以增强物体的视觉效果和情感表达。通过本模块的学习，你将了解色彩基础知识和掌握马克笔运用技巧，以及通过实践来提高绘图技能和创作能力。

重点：色彩搭配、笔触运用以及细节刻画和调整。

难点：准确把握色彩的明暗、冷暖等变化，通过笔触的变化和细节的刻画来表现色彩特点。

在日常生活中，人们会接触到不同色彩，如何定义不同色彩以及它们的属性？

2.1 色彩概述

色彩基础知识

在手绘表现中，色彩是一个非常重要的元素。它可以塑造物体、描绘景物、烘托环境，可以起到引人入胜、增强作品艺术效果的作用。本模块通过系统地学习色彩知识，来剖析色彩现象、理解色彩原理、掌握色彩变化规律，用有限的颜料去表现无限丰富的色彩世界。

2.1.1 色彩基本概念

色彩对比

（1）三原色：色彩中最基本的颜色，即红、黄、蓝，又称为原色[图 2-1-1（a）]。这三种颜色纯正、鲜明、强烈，而且这三种颜色本身调不出来，但它们可以调配出多种色相的色彩。三原色中任何的两种颜色做等量混合调出的颜色叫间色，亦称第二次色[图 2-1-1（b）]。红加蓝等于紫色，黄加红

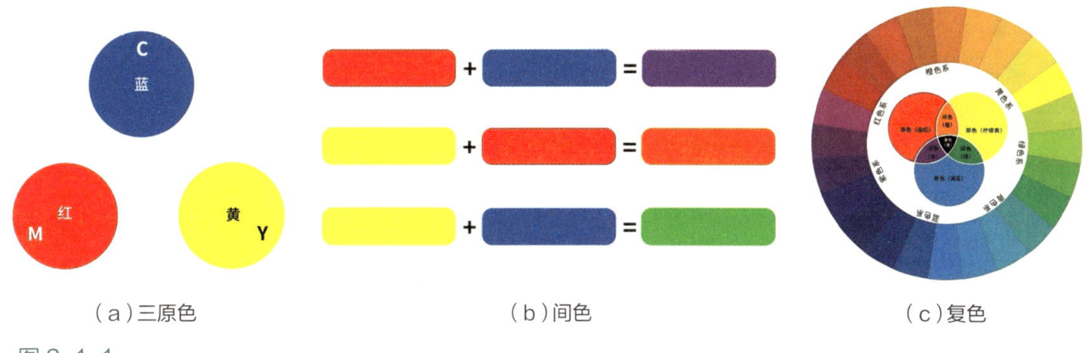

（a）三原色　（b）间色　（c）复色

图 2-1-1

等于橙色，黄加蓝等于绿色。任何两种间色或一个颜色与一个间色混合调出的颜色则称复色，亦称再间色或第三次色［图 2-1-1（c）］。

（2）同类色：同一色相中不同倾向的系列颜色。如黄色中柠檬黄、中黄、橘黄、土黄等都称之为同类色。

（3）邻近色：色相环中相邻的两个颜色。邻近色［图 2-1-2（a）］之间有着共同的色素，基本没有越出这两个颜色的大范畴，这种共同色素的存在，既保持了统一和谐，又有色相的改变。

（4）对比色：在色相环上相距 120° 到 180° 的两种颜色。对比色［图 2-1-2（b）］是人的视觉感官所产生的一种生理现象，是视网膜对色彩的平衡作用。

（5）互补色：色相环中相隔 180° 的颜色。如红与绿、蓝与橙、黄与紫为互补色［图 2-1-2（c）］。互补色并列时会引起强烈对比的色觉，会感到红的更红，绿的更绿。如将互补色的饱和度减弱，则能趋向调和。

（a）邻近色　（b）对比色　（c）互补色

图 2-1-2

2.1.2　色彩的属性

根据色彩的属性对色彩的性质进行系统分类，可分为明度、色相和纯度，即色彩的三要素（图 2-1-3）。

（1）明度是指色彩的明暗、深浅程度的差别，它取决于反射光的强弱。它包括两个含义，一是指一种颜色本身的明与暗，二是指不同色相之间存在着明与暗的差别。

（2）色相是指色彩的相貌，是色彩最显著的特征，是不同波长的色彩被感觉的结果。光谱上的红、橙、黄、绿、青、蓝、紫就是七种不同的基本色相。

（3）纯度指色彩的纯净和浑浊的程度，也称色彩的饱和度。纯正的颜色，无黑白和其他颜色混入。纯度低的颜色，给人灰暗、淡雅或柔和之感。纯度高的颜色，给人鲜明、突出、有力之感。但是色彩纯度高时会感觉单调刺眼，而混合太杂则容易感觉脏，色调灰暗。

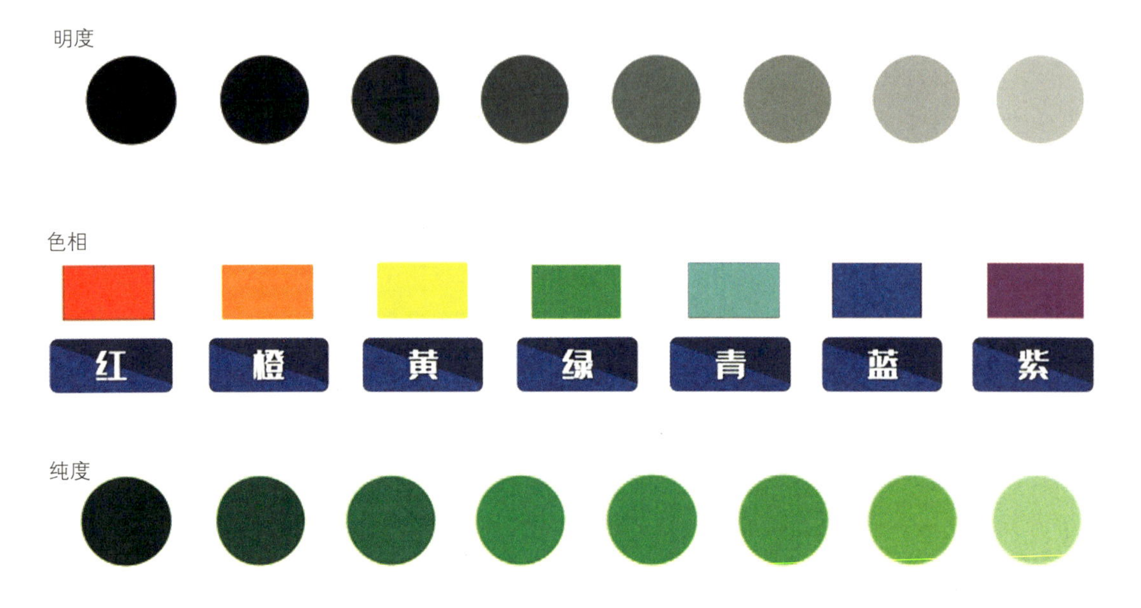

图 2-1-3

特别提示

中国是世界上最早懂得使用色彩的国家之一，战国时期便出现了正五色的概念。“颜色”在我国古代早期并不是指颜色，是代表“容貌面色”的意思，到了唐朝，才开始以“颜色”一词作为自然界色彩的统称。

不同于西方的是，中国的配色以正色、间（杂）色来区分，正色就是原色。古代以“阴阳五行”学说中金、木、水、火、土（五行），分别对应白、青、黑、赤、黄，这五色是中国传统色彩的基本色。

古人认为五行是产生自然万物本源的五种元素，因此《孙子兵法》记载，“色不过五，五色之变，不可胜观也”。五色衍生出了中国传统色彩，一个颜色会根据不同朝代的历史文化，演变成各类含义。五种原色混合可以得到间色（多次色）。

白在五色中是基础色，在中国文化中，白色象征着纯洁、高雅和哀伤。人们常使用白色作为丧葬和祭祀的主色调，表达对逝去亲人的怀念和敬意。

青指含绿色成分的蓝色，与青色有关的事物大多象征着正直、吉祥与和谐。古人尤为钟爱青色。道家哲学崇尚自然的力量，而最接近自然的颜色便是这青色，因此青色被作为“天人合一”的视觉象征。

黑不仅仅是一个颜色，它在文化和精神层面上承载着深厚的意义。黑色象征着神秘、不可知的事物，以及与之相关的敬畏感。黑色在丧事、战争、祭祀等场合被广泛使用。

赤相当于红色。赤的同义词是朱，不过比朱色浅。周代用颜料染色时，染三遍得到赤色，第四遍才变成朱色，所以朱比赤尊贵。

黄的色相接近现代的橙黄。不过，土黄也是古代黄色的对应颜色之一，因为古代中国的中心区域很多处于黄土高原一带，黄土的颜色自然就成为参照对象。

间色的数量非常大，但由于间色不够纯粹，所以其在古代社会重要性不高，等级比较低，对它们的使用也就没有限制。

知识延伸

色彩对比是指两个以上的色彩通过空间或时间上的变化，比较出明确的差别。它们的相互关系就是色彩的对比关系。色彩对比的目的是寻找差异。色彩对比的前提条件是色彩之间的组合和并置。常见的色彩对比有同类色相对比、对比色相对比、互补色相对比、明度对比、纯度对比、冷暖对比等。

2.2 材质色彩表现技巧

质感是指物体表面的纹理、质地、光泽、色彩等给人的感觉和体验。这些特征不仅影响物体的外观，还对区分物体的材质起到直接的作用。在表现中，通过对材质的刻画，可以更加真实地表现物体的本质特征，增强画面的真实感和生动感。因此，对材质的刻画是手绘表现中不可或缺的一环。通过运用不同的绘画技巧和工具，表现不同的质感效果，从而创造出更加丰富多彩的艺术作品。

想一想

建筑装饰手绘色彩表现主要工具有哪些？它们有什么特点？使用过程中应注意哪些问题？

2.2.1 笔触类型及特点

马克笔的笔触是其独特的绘画语言，它具有丰富的表现力和个性。笔触的运用可以影响画面的风格和情感，不同的笔触可以表现不同的纹理和质感，例如可表现粗糙的表面、光滑的表面、柔软的材质等。通过灵活运用不同的笔触，可以创造出更加生动、有趣的画面效果。

马克笔笔触的运笔方法一般有单行排笔、叠加排笔、平扫法、蹭笔、点笔法等。

1. 单行排笔

在马克笔的运用中，排笔技巧至关重要。单行排笔（图 2-2-1）时，纸张与笔头紧密贴合，使得每一笔的运笔都均匀而有力，保持了笔触之间的一致性。这种形式下，线条以或平行或垂直的简单方式排列，强调了画面的面效果，为画面建立了持久的整体感。

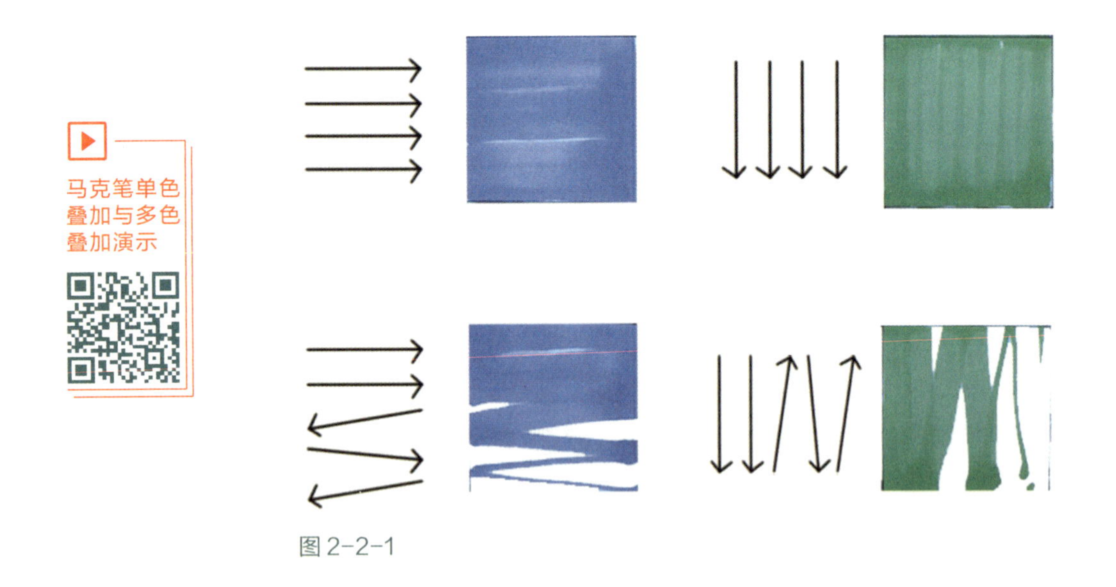

图 2-2-1

2. 叠加排笔

叠加排笔（图 2-2-2），即笔触的叠加，是丰富画面色彩和清晰过渡的重要技巧。然而，要注意同类色之间的叠加可以产生自然衔接的效果，而不同类色之间的叠加则不易实现自然的过渡。在叠加颜色时，不要完全覆盖上一层颜色，而是要保持笔触的渐变效果，以保持画面的透气性。图 2-2-2（a）所示为单色叠加，图 2-2-2（b）所示为多色叠加。

（a）单色叠加　　（b）多色叠加

图 2-2-2

对于同类色马克笔的叠加，最好采用干画法，也可以先使用湿画法打底，待干燥后再使用干画法进行叠加。

3. 平扫法

平扫法是一种运笔方法，它与单行排笔的运笔方法基本一致，但在收笔时需要自然提起，使笔锋尽量平行于纸面，线条与边界保持平行。这种方法可以用来绘制流畅的线条和表达柔和过渡的效果。图 2-2-3（a）所示图片收笔时自然均衡，图 2-2-3（b）所示图片收笔时，笔锋与纸面角度不稳，绘图时需要避免。

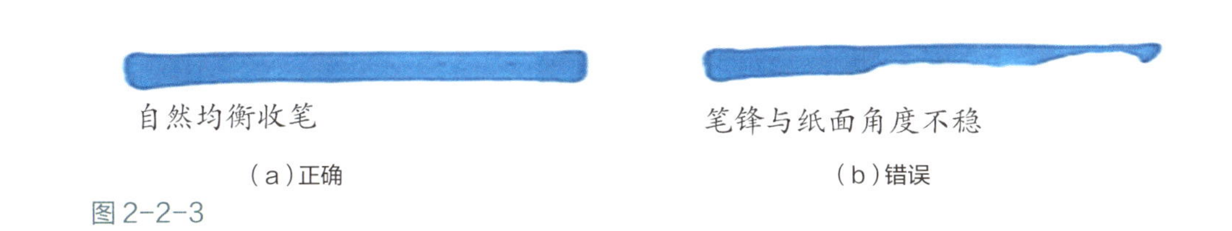

（a）正确　　（b）错误

图 2-2-3

4. 蹭笔

蹭笔是将笔压在纸面上，然后快速地来回移动，以填充颜色。蹭笔的用途与平扫法相似，但蹭笔所绘制的面更加柔和。通过蹭笔技巧，可以轻松地表现渐变效果和柔和的过渡，使画面更加自然、协调。图 2-2-4 所示为蹭笔笔触。

5. 点笔法

点笔法常常用于绘制树冠、草地和云彩等元素，其特点是以笔块为主，而非线条。这种笔法非常灵活随意，但需要注意方向性和整体性，避免因随处使用点笔法而导致画面凌乱。通过灵活运用点笔法，可以表现丰富的质感和纹理，使画面更加生动自然。图 2-2-5 所示为点笔法的笔触。

图 2-2-4

图 2-2-5

另外，马克笔的笔头粗细、运笔力度与运笔角度都和笔触有着紧密的联系。正确使用马克笔时，应让笔头紧贴纸张，保持力度均匀。避免运笔速度过慢或犹豫不决，以免线条断断续续或显得不肯定。只有掌握正确的运笔方法，才能画出流畅、有力的线条。

2.2.2　笔触组合及运用

马克笔与彩色铅笔的组合，是一种充满活力和创造力的绘画方式。马克笔的笔触粗犷有力，流畅的线条为画面注入了强烈的动感，而彩色铅笔则以其柔和的色彩和细腻的笔触，为画面增添了柔和与细节。二者的结合，既有强烈的视觉冲击力，又充满了细腻的情感表达。图 2-2-6～图 2-2-8 所示图片均为彩色铅笔（彩铅）和马克笔组合绘制。

彩铅+马克笔

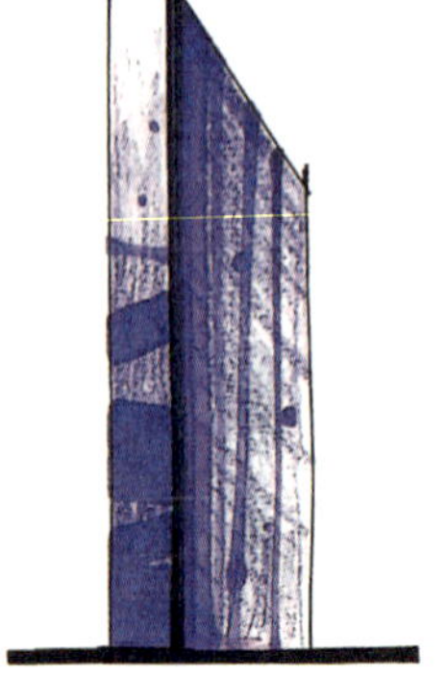

图 2-2-6

图 2-2-7

图 2-2-8

2.2.3 材质上色要点

手绘材质上色看似简单，但要使用它绘制出令人称赞的手绘效果图，就需要掌握材质上色要点。

（1）首先使用冷灰色或暖灰色的马克笔为图片勾勒出基本的明暗调子。

（2）在运笔过程中，要注意用笔的遍数不宜过多。在第一遍颜色干透后，再进行第二遍上色，而且要准确、快速。否则，色彩可能会渗出而形成混浊之状，失去马克笔透明和干净的特点。

（3）在表现时，马克笔的笔触大多以排线为主。因此，有规律地组织线条的方向和疏密，有利于形成统一的画面风格。运笔时，可以运用排笔、点笔、跳笔、晕化、留白等方法，但需要灵活使用。

（4）马克笔不具有较强的覆盖性，淡色无法覆盖深色。因此，在给效果图上色的过程中，应该先上浅色而后覆盖较深重的颜色。并且要注意色彩之间的相互和谐，避免使用过于鲜亮的颜色，应以中性色调为宜。

（5）单纯地使用马克笔可能会留下不足之处，因此，马克笔应与彩色铅笔、水彩等工具结合使用。有时，用酒精作再次调和，画面上会出现神奇的效果。

这些材质上色要点可以帮助大家更好地掌握使用马克笔进行绘画的技巧和方法，创造出更精美、更有表现力的作品。

随堂练习

参考前文案例，进行马克笔笔触练习，并根据表 2-1 进行成果评价。

成果评价

表2-1　成果评价

评价内容	评价标准	权重	分项得分
单行排笔	运笔力度均匀，起笔、收笔自然	2	
叠加排笔	色彩叠加自然，笔触方向、粗细长短有变化	3	
点笔法	笔法疏密有致	2	
笔触组合及运用	笔触运用合理，彩色铅笔过渡柔和自然	3	
合计		10	

2.3 配景色彩表现

在手绘表现中，配景的色彩表现同样重要。通过马克笔和彩色铅笔的组合，可以表现出室内外各种配景的色彩和细节，如家具、地毯、窗帘、玻璃、水体、石头、植物等的色彩和细节。这些配景的色彩可以增强室内外空间的氛围和情感表达，使画面更加生动、立体。例如，在绘制深色家具时，可以用棕色或黑色马克笔来表现其质感和色彩；在绘制浅色窗帘时，可以用浅蓝色或淡黄色马克笔来表现其轻盈和明亮的质感；在绘制树木时，可以混合使用绿色马克笔和彩色铅笔，表现树叶的层次感和色彩变化；在绘制天空时，可以混合使用蓝色马克笔和彩色铅笔，表现天空的渐变和云彩的细节。这些色彩表现技巧的运用，可以使室内外手绘更加生动、逼真。

2.3.1 摆件小品色彩表现

摆件小品是室内设计中重要的装饰元素，其色彩表现也是手绘的重要内容。通过马克笔和彩色铅笔的组合，可以表现出摆件小品的色彩和细节，如陶瓷、雕塑、挂画等的色彩和细节。这些摆件小品的色彩可以增强室内空间的装饰效果和情感表达，使画面更加生动、立体。色彩表现技巧的运用，可以使摆件小品更加生动、有趣。

摆件小品与木制品上色演示

1. 摆件小品色彩绘制步骤

按照图 2-3-1 ～图 2-3-4 所示步骤进行摆件小品色彩表现。

（1）准备工具：选择适合的马克笔和彩色铅笔，并准备好画纸。

图 2-3-1

图 2-3-2

图 2-3-3

图 2-3-4

（2）起稿：用铅笔在画纸上画出摆件小品的轮廓，注意比例和透视。再用针管笔描绘，增加明暗效果处理。

（3）上色：用马克笔为摆件小品上色，从浅色到深色逐步进行，注意色彩的渐变和过渡。

（4）细部处理：用彩色铅笔对摆件小品的细节进行处理，如对花纹、图案等进行处理，强调质感和高光。

（5）整体调整：对整个画面进行观察和调整，确保色彩和谐、质感真实。

通过以上步骤，可以绘制出生动形象的摆件小品。

2. 摆件小品手绘案例展示（图 2-3-5）

图 2-3-5

2.3.2　木制品色彩表现

木制品色彩表现是手绘学习的重要内容。通过马克笔和彩色铅笔的组合，可以生动地表现木制品的质感和色彩。不同颜色的搭配，可以突出木制品的特色和风格，营造出独特的室内氛围。色彩表现技巧的运用，可以使木制品更加生动，为居住者带来宜人的视觉享受。

1. 木制品色彩绘制步骤

按照图 2-3-6～图 2-3-9 所示步骤进行木制品色彩表现。

（1）准备工具：选择适合的马克笔和彩色铅笔，并准备好画纸。

（2）起稿：在画纸上绘制木制品的轮廓，注意形状的准确性和细节的表现。

（3）上色：根据木制品的材质和色彩进行上色。上色时要注意颜色的渐变和深浅变化，表现出立体感和细节。

图 2-3-6 图 2-3-7

图 2-3-8 图 2-3-9

（4）细部处理：根据需要进一步表现细节，可以使用彩色铅笔进行补充绘制。

（5）整体调整：观察整体效果，进行必要的调整和修改，使画面更加完美。

通过以上步骤，可以生动地表现木制品的色彩和细节，增加室内空间的美感。

2. 木制品手绘案例展示（图 2-3-10）

图 2-3-10

2.3.3 纺织品色彩表现

窗帘、靠枕上色演示

纺织品色彩表现是室内设计不可或缺的一部分。通过不同色彩搭配，能够灵活地表现纺织品的质感、色彩和细节，同时，还可以调节室内空间的色彩氛围，为室内空间增添舒适和温馨。

1. 纺织品色彩绘制步骤

按照图 2–3–11～图 2–3–18 所示步骤进行纺织品色彩表现。

（1）准备工具：选择适合的马克笔和彩色铅笔，并准备好画纸。

（2）起稿：在画纸上绘制纺织品的轮廓，注意形状的准确性和细节的表现。

（3）上色：区分窗帘、靠枕明暗面，选择最浅颜色，整体铺色。笔触力求自然，颜色叠加由浅入深，注意渐变及阴影的添加。

（4）细部处理：根据需要进一步地表现细节，可以使用彩色铅笔进行补充绘制。

（5）整体调整：整体画面注意冷暖色的对比及质感表达。

通过以上步骤，可以生动地表现纺织品的色彩和细节，增加室内空间的温馨感和舒适感。

图 2–3–11

图 2–3–12

图 2–3–13

图 2–3–14

图 2-3-15

图 2-3-16

图 2-3-17

图 2-3-18

2. 纺织品手绘案例展示（图 2-3-19）

图 2-3-19

2.3.4 石材色彩表现

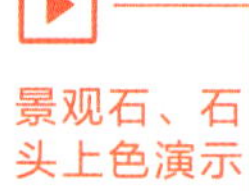
景观石、石头上色演示

石材给人最直观的印象就是厚重，特别是粗犷的造型。不同地域石材的形状也各异，比如一些山体散落的岩石，棱角不规则而粗犷；河道中的鹅卵石圆滑；园林布景的太湖石，玲珑剔透、千姿百态，具有“皱、漏、瘦、透”之美。因此，通过色彩运用，可以生动地表现不同质地石材的质感、硬度和体积。

1. 石材色彩绘制步骤

分别按照图 2–3–20～图 2–3–22 和图 2–3–23～图 2–3–26 所示步骤进行石材色彩表现。

图 2–3–20

图 2–3–21

图 2–3–22

图 2-3-23

图 2-3-24

图 2-3-25

图 2-3-26

（1）准备工具：选择适合的马克笔和彩色铅笔，并准备好画纸。

（2）起稿：在画纸上绘制石材大致形状和纹理，注意要把握好比例和形态。

（3）上色：使用马克笔的宽头部分，根据石材的纹理和形状，在画纸上进行上色。可以先用浅色打底，再用深色进行叠加，以增加层次感和立体感。

（4）细部处理：在绘制石材的细节部分时，可以使用细头的马克笔进行勾勒和加深颜色。

（5）整体调整：整体画面注意冷暖色的对比及质感表达，注意色彩需有通透感。

通过以上步骤，可以绘制出色彩丰富、自然逼真的石材。

2. 石材手绘案例展示（2-3-27）

图 2-3-27

2.3.5 玻璃色彩表现

玻璃色彩表现是手绘设计的重要内容之一。由于玻璃自身的透明度、光泽度等特点，所以在绘制玻璃时，要注意色彩的搭配和光影的处理，以营造玻璃特有的轻盈感和透亮感。同时，可以运用高光笔或修正液等工具来增强玻璃的质感表现，使画面更加生动逼真。

1. 玻璃色彩绘制步骤

按照图 2-3-28～图 2-3-31 所示步骤进行玻璃色彩表现。

（1）准备工具：选择适合的马克笔和彩色铅笔，并准备好画纸。

（2）起稿：用铅笔勾勒出茶几、茶几上的物品等陈设物体的轮廓，并用针管笔描绘茶几和其他物体的轮廓及阴影关系。

（3）上色：用马克笔先画出玻璃茶几的固有色，再用深色马克笔加重暗部和物体倒影，加强明暗对比。

（4）细部处理：用其他颜色的马克笔为花卉、水果等陈设物体上色，用修正液或高光笔提白，完成绘制。

（5）整体调整：整体画面注意色彩的通透感。

绘制过程中要注意笔触的速度和力度，以及颜色的渐变和深浅变化，以表现玻璃茶几的质感和立体感。同时，可以根据个人喜好和创意需求进行灵活调整。

图 2-3-28

图 2-3-29

图 2-3-30

图 2-3-31

2. 玻璃手绘案例展示（2-3-32）

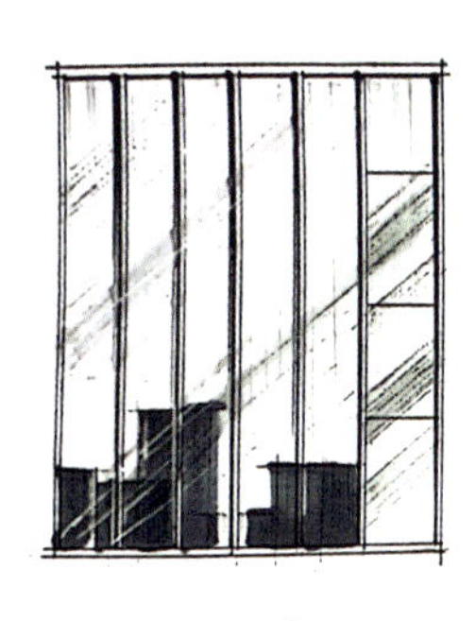

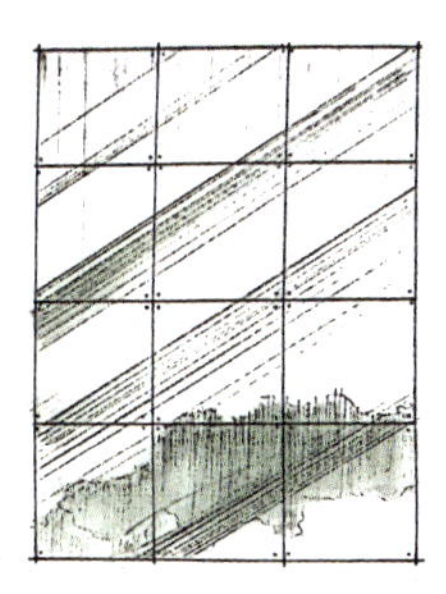

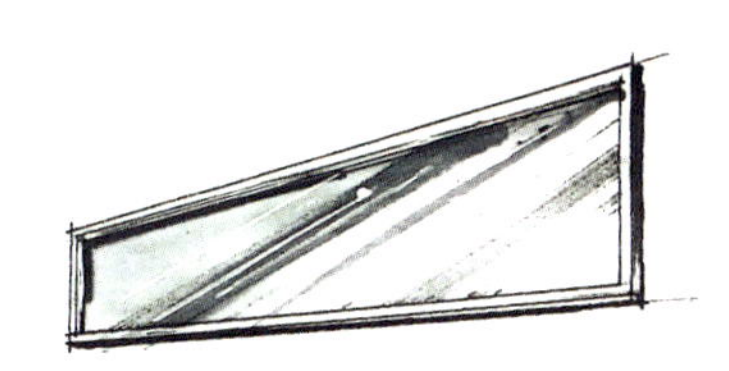

图 2-3-32

2.3.6 水体色彩表现

马克笔在表现水体方面具有独特的优势。通过灵活运用线条和色彩，可以生动地表现水的流动性和清澈度。在绘制水体时，可以通过留白方式来表现水面的反光和流水的动态，同时运用扫笔的手法来表现水的流动速度和方向。黑白关系的巧妙运用能够丰富水流的形态，使画面更加逼真自然。通过综合运用各种技巧，马克笔能够在手绘中呈现出独特的水体表现力。

1. 水体色彩绘制步骤

按照图 2-3-33～图 2-3-36 所示步骤进行水体色彩表现。

（1）准备工具：选择适合的马克笔和彩色铅笔，并准备好画纸。

（2）起稿：用铅笔勾勒出水体的配景轮廓，并用针管笔描绘水体场景轮廓及明暗关系。

（3）上色：用浅蓝色或淡绿色马克笔画出水面，用笔要轻盈，要表现出水的柔和和流动性；再用深色马克笔叠加在水面上，形成水面的层次感和立体感；同时利用留白，增强水的透明度和光泽度。

（4）细部处理：用修正液或高光笔绘制水面的高光部分。

（5）整体调整：整体画面注意色彩的对比及色彩的通透感。

通过以上步骤，可以绘制出色彩丰富、自然逼真的水体画面。

图 2-3-33

图 2-3-34

图 2-3-35

图 2-3-36

2. 水体手绘案例展示（图 2-3-37）

图 2-3-37

2.3.7 人物色彩表现

在手绘设计中，人物表现具有重要的意义。首先，人物作为空间的一部分，能够展现空间的尺度和比例，增强环境的视觉效果和空间感。其次，人物可以作为配景，衬托主体环境，为画面增添活力和生命力。绘制人物时，要领会人体的整体比例与轮廓，以及人物与环境的互动关系。通过灵活运用色彩和线条，可以创造出独特的人物形象和情感表达，使手绘作品更加生动形象、富有感染力。

人物上色演示

1. 人物色彩绘制步骤

按照图 2-3-38～图 2-3-41 所示步骤进行人物色彩表现。

（1）准备工具：选择适合的马克笔和彩色铅笔，并准备好画纸。

（2）起稿：用铅笔勾勒出人物轮廓，注意只需要画出人物的大体比例即可，不需要深入刻画。原因在于，人物在画面中只是一个尺度，是配景。

（3）上色：选择合适的颜色进行上色，注意色彩的明暗和饱和度。

图 2-3-38

图 2-3-39

图 2-3-40

图 2-3-41

（4）细部处理：可以使用细小的画笔工具进行细部处理。

（5）整体调整：对整个画面进行检查和调整，确保色彩和形态的准确性和协调性。

通过以上步骤，人物表现在画面中与建筑相得益彰，人物点缀画面色彩，使整个作品更加生动、协调。

2. 人物手绘案例展示（图 2-3-42）

图 2-3-42

2.3.8 植物色彩表现

手绘设计中的植物色彩表现是多种多样的，设计师运用灵活的色彩技巧，赋予植物生命力和魅力。在色彩的搭配上，应注重色彩的对比和调和，展现自然的氛围。此外，植物的手绘设计不仅运用于室内设计，也广泛运用于室外空间和建筑设计。现代高层建筑与绿色植物的融合，营造出自然和谐的氛围。

植物上色演示

1. 植物色彩绘制步骤

按照图 2-3-43～图 2-3-46 所示步骤进行植物色彩表现。

（1）准备工具：选择适合的马克笔和彩色铅笔，并准备好画纸。

（2）起稿：先用铅笔勾勒植物的轮廓和基本形态，再逐步添加细节。

（3）上色：选取中绿色马克笔对植物进行上色，增加层次变化。注意用笔速度，颜色要有深浅变化。

（4）细部处理：选取深绿色马克笔对植物进行上色，刻画植物的明暗和光影效果，使画面更加立体和真实。

（5）整体调整：调整和完善画面，绘制花盆时要注意花盆用笔与植物用笔的区别，使画面更加和谐自然。

绘制植物色彩时，需要仔细观察、实践和不断尝试，积累经验和技巧后才能绘出更好的作品。

图 2-3-43

图 2-3-44

图 2-3-45

图 2-3-46

2. 植物手绘案例展示（图 2-3-47）

图 2-3-47

随堂练习

参考前文案例，进行植物色彩练习，并根据表 2-2 进行成果评价。

成果评价

表 2-2 成果评价

评价内容	评价标准	权重	分项得分
线条表现	流畅自然	2	
形体表现	尺度准确	2	
笔触表现	笔触运用合理，组合丰富	3	
色彩质感表现	色彩丰富、质感真实	3	
合计		10	

2.4 平立面色彩表现

通过平立面色彩表现，可得到手绘平立面色彩图。手绘平立面色彩图在建筑设计和室内设计中发挥着重要的作用。它们可以帮助设计师清晰地表达设计理念和意图，呈现设计方案的效果和质量。通过手绘平立面色彩图，设计师可以展示建筑或室内空间的布局、比例、材质、色彩等，也可以表现光影效果和环境氛围。此外，手绘平立面色彩图还可以作为记录和存档的资料，供后续参考和使用。在沟通和交流中，手绘平立面色彩图能够让其他人更好地理解设计师的意图和想法。总之，手绘平立面色彩图是一种重要的设计工具和表达方式，对建筑设计和室内设计有重要的作用。

2.4.1 平面色彩表现

通过平面色彩表现，可得到手绘平面色彩图（简称彩平图）。彩平图是一种精确的二维图形，它真实地反映了建筑结构、内部陈设和色彩搭配。它是设计师前期分析和后期表达的重要工具，能够清晰地展示空间的功能划分。彩平图在方案设计阶段起到了沟通交流的重要作用，让人们能够直观地理解设计方案。同时，彩平图也是许多文本分析图的基础，为完善设计提供了重要的参考。

1. 彩平图绘制步骤

按照图 2–4–1～图 2–4–3 所示步骤进行平面色彩表现。

（1）准备工具：选择适合的绘图笔，并准备好画纸。

（2）起稿：绘出平面色彩对象的轮廓线，注意线条要清晰、流畅。

（3）上色：

① 选取黑色马克笔，进行钢筋混凝土剪力墙上色，平涂即可；

② 选取深灰色马克笔，进行普通墙体上色，平涂即可；

③ 选取浅色暖灰色马克笔，对卫生间以外的室内地面进行上色，选取浅色冷灰色马克笔对卫生间地面进行上色；

④ 选取木色系马克笔对木制家具进行上色；

⑤ 选取暖色马克笔对床体上色，使用绿色马克笔点缀室内植物。

（4）细部处理：在完成基本的轮廓和颜色填充后，可以添加一些细节和纹理，以增强平面色彩对象的立体感和质感。

（5）整体调整：对整个画面进行调整和完善，包括色彩的明暗、饱和度、对比度等的调整，进行细节和纹理的处理，使画面更加和谐、自然。

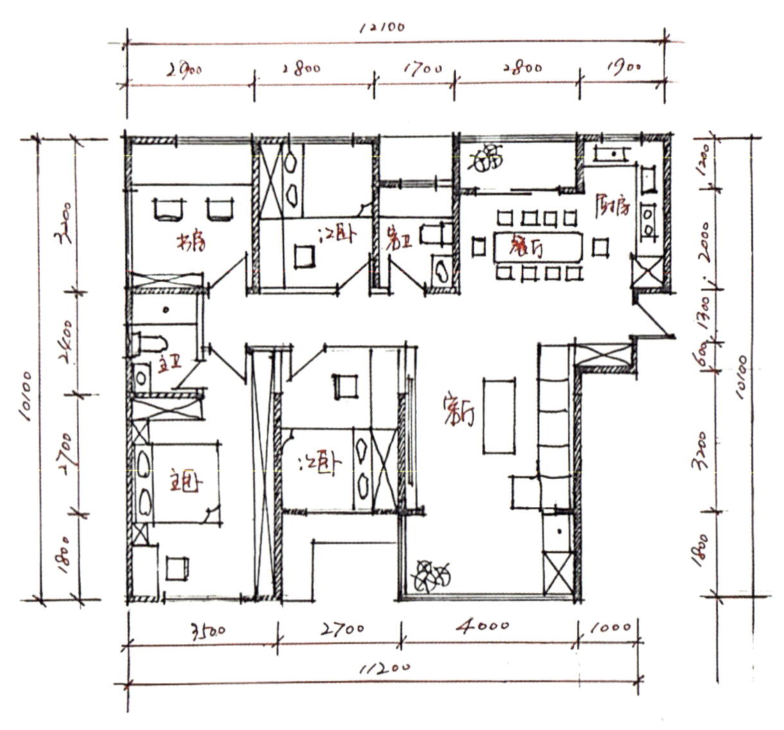

图 2–4–1

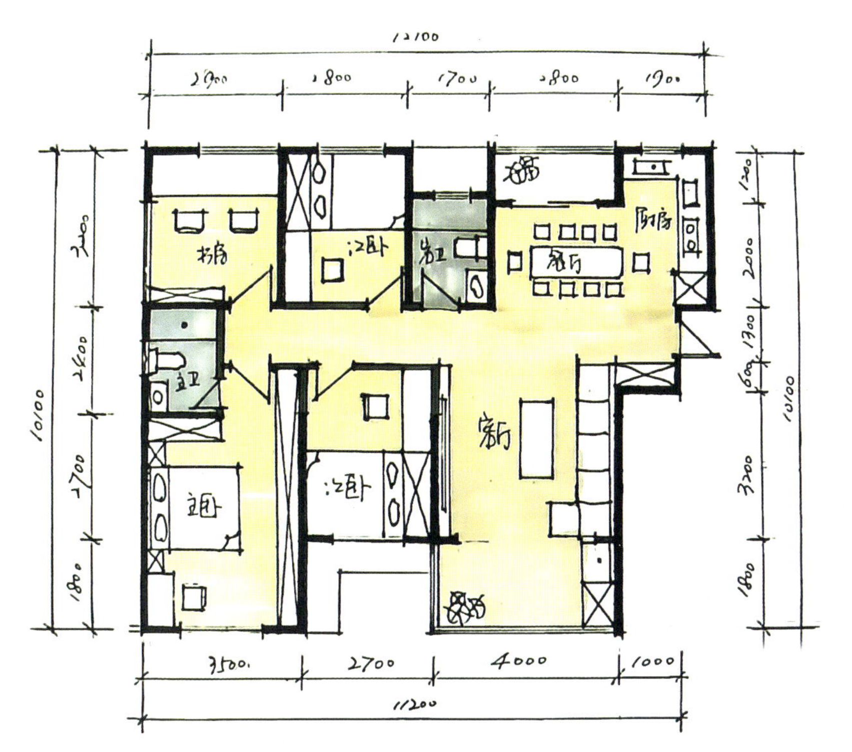
12100
1800
1700
2800
书房
次卧
主卫
餐厅
厨房
客卫
客厅
主卧
10100
2700
4000
1000
11200

图 2-4-2

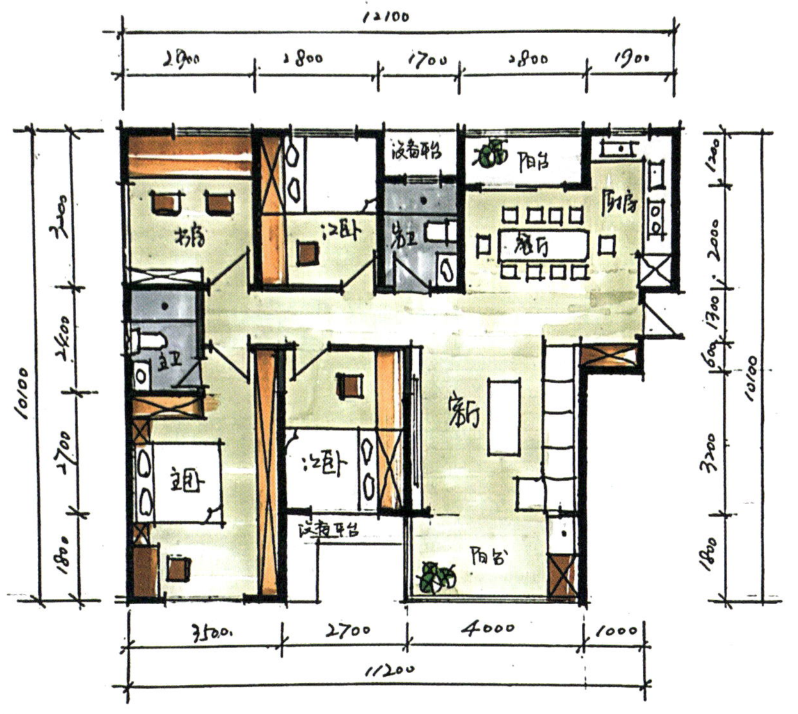
12100
1800
1700
2800
设备平台
阳台
书房
次卧
主卫
餐厅
厨房
客卫
客厅
主卧
设备平台
阳台
10100
2700
4000
1000
11200

图 2-4-3

2. 平面色彩手绘案例展示（图 2-4-4 和图 2-4-5）

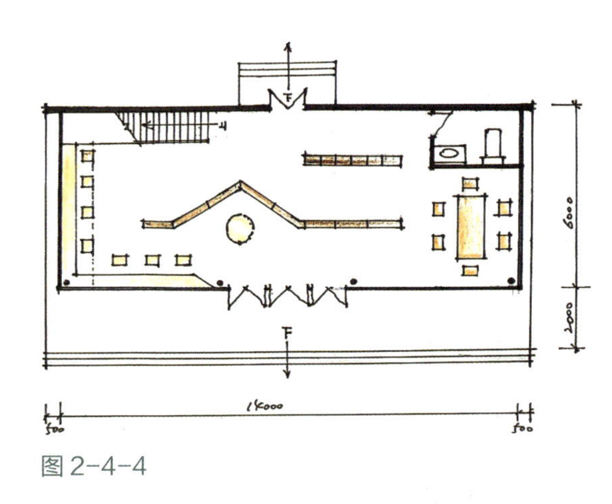

图 2-4-4

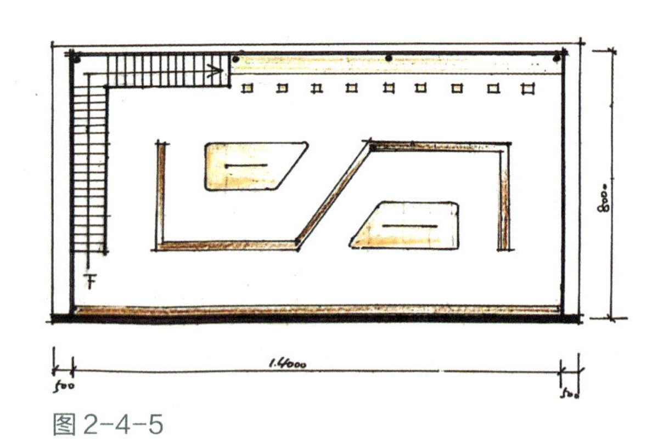

图 2-4-5

2.4.2 立面色彩表现

立面上色演示

通过立面色彩表现，可得到手绘立面色彩图。立面色彩图是设计师用来推敲和展现建筑及室内空间立面造型、材质、尺度和风格的主要手段。通过手绘方式将立面投影描绘出来，能够生动地展现建筑外观和室内立面造型，突出设计师的创意和风格。因此，我们可以将手绘立面色彩图视为展现竖向设计构思的重要途径，其将帮助设计师更好地推敲和完善设计方案，提高设计质量和艺术感。

1. 立面色彩图绘制步骤

按照图 2-4-6、图 2-4-7 所示步骤进行立面色彩表现。

（1）准备工具：选择适合的绘图笔，并准备好画纸。

（2）起稿：绘出立面色彩对象的轮廓线，注意线条要清晰、流畅。

（3）上色：

① 选取黑色马克笔，进行墙体楼板上色，平涂即可；

② 选取暖灰色马克笔，进行吊顶部分上色，平涂即可；

③ 选取浅色冷灰色马克笔，进行墙面及门的上色；

④ 选取浅色木色系马克笔进行墙面格栅上色；

⑤ 选取浅黄色马克笔对窗帘上色。

（4）细部处理：添加相应的细节和纹理，以增强立面的立体感和质感。

（5）整体调整：对整个画面进行调整和完善，包括色彩的明暗、饱和度、对比度等的调整，进行细节和纹理的处理，使画面更加和谐、自然。

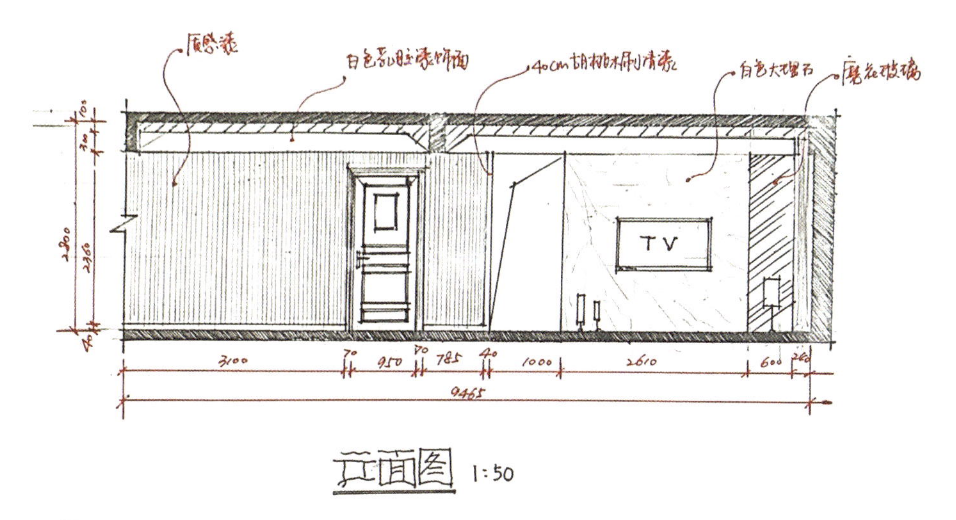

图 2-4-6

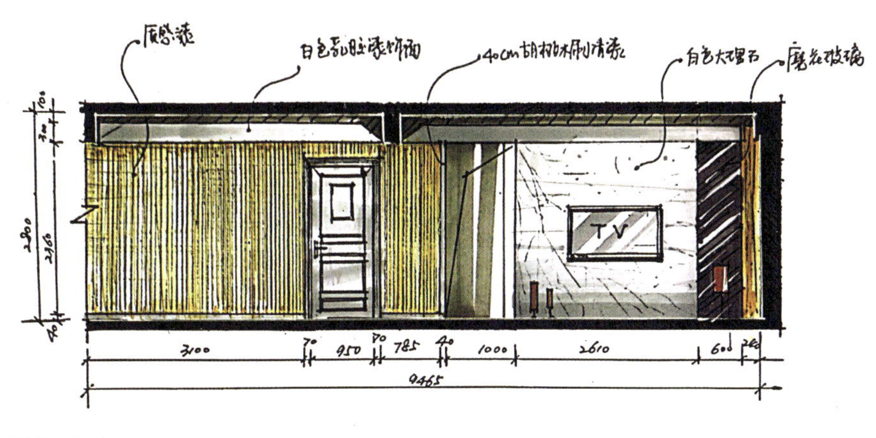

图 2-4-7

2. 立面色彩手绘案例展示（图 2-4-8）

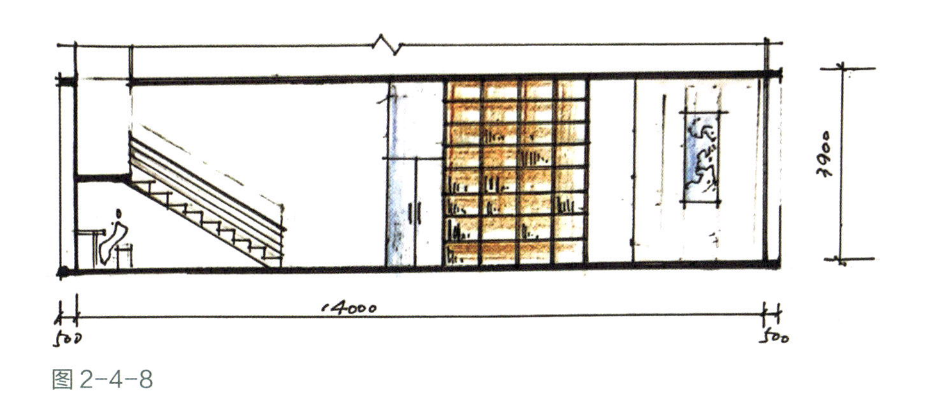

图 2-4-8

随堂练习

进行平立面色彩练习，并根据表 2–3 进行成果评价。

任务要求：参考案例展示临摹。

成果评价

表 2–3　成果评价

评价内容	评价标准	权重	分项得分
比例	平面、立面在图面中比例合理	2	
线条运用	建筑结构、装饰、家具陈设线条有变化	3	
色彩、光影	色彩运用合理，光影一致	3	
标注及说明	标注准确，材质注释详细	2	
合计		10	

模块小结

通过本模块的学习，应用掌握色彩基础知识，学会运用马克笔和彩色铅笔表现不同材质的色彩和细节。此外，还应了解平面色彩表现和立面色彩表现的绘制步骤，这些技能将为后续的手绘表现和创作打下基础，提高手绘表现能力。同时，通过对不同色彩之间的对比和互补关系进行了解，为日后的色彩搭配和设计提供更多的思路和灵感。

模块检测

一、单选题

1.在色相环上相距120°到180°的两种颜色，称为(　　)。

A.同类色　　B.邻近色　　C.对比色　　D.互补色

2.使用马克笔为图片勾勒出基本的明暗调子时，一般选用(　　)。

A.单色　　B.冷灰色或暖灰色　　C.暖色或深色　　D.什么颜色都行

3.将笔压在纸面上，然后快速地来回移动，以填充颜色的笔法是(　　)。

A.叠加　　B.平扫　　C.点笔　　D.蹭笔

4.(　　)常常用于绘制树冠、草地和云彩等元素。

A.叠加　　B.平扫　　C.点笔　　D.蹭笔

5.在表现家居色彩时，笔触排列一般采用(　　)加叠加效果。

A.直线排比　　B.曲线排比　　C.单线排比　　D.斜线排比

二、填空题

1.色彩中最基本的颜色为(　　　　)、(　　　　)、(　　　　)，称为原色，即三原色。

2.根据色彩的属性对色彩的性质进行系统分类，可分为(　　　　)、(　　　　)和(　　　　)，即色彩的三要素。

3.马克笔的笔触大多以排线为主，运笔时，可以运用(　　　　)、(　　　　)、(　　　　)、(　　　　)、(　　　　)等方法，但需要灵活使用。

三、判断题

1. 纯度低的颜色给人鲜明、突出、有力之感，纯度高的颜色，给人灰暗、淡雅或柔和之感。（　）

2. 平扫法可以用来绘制流畅的线条和表达柔和过渡的效果。（　）

3. 在给效果图上色的过程中，应该先上较深重的颜色，而后覆盖浅色、高光等。（　）

四、简答题

马克笔运笔一般分为哪几种，各有什么特点?

模块 3

透视原理与单体表现

思维导图

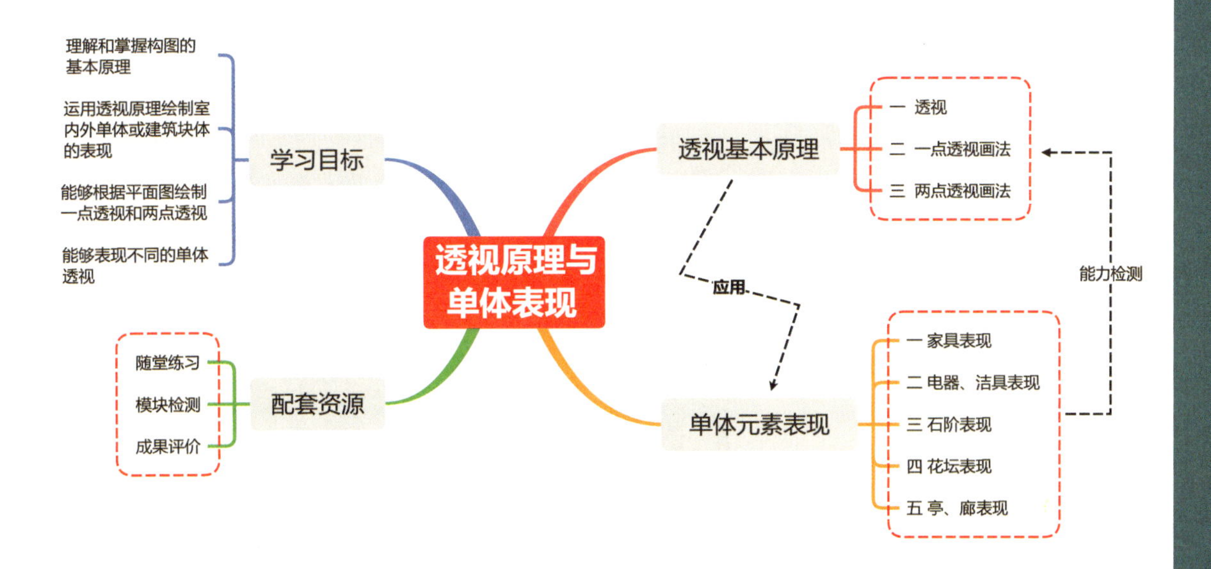

导读

手绘表现可以分为三部分：一线条，二透视，三色彩。线条是“骨”，透视是“形”，色彩是“材质”。没有“形”，只有“骨”和“材质”，空间也是“立”不住的，所以说透视是效果图的根。本模块主要学习透视基本原理和透视特征，并以不同的单体为例，完成透视绘制，掌握透视图的绘制过程和要点。

重点：不同单体的透视表现。

难点：不同透视类型的绘制要点。

3.1 透视基本原理

3.1.1 透视

1. 透视原理

透视一词源于拉丁文“perspclre”（看透），指在平面上描绘物体的空间关系的方法。

西方最初研究透视是采取通过一块透明的平面去看景物的方法，将所见景物准确描画在这块平面上，即成该景物的透视图。

从图 3–1–1 能够看见右侧的画者前的画框和画板是可以折叠的，左边的助手拿着画板，能看见他所画物体的大致轮廓，右边的人用一只眼睛去看，连接物体的关键点和眼睛的位置，形成视线，再相交于画框上，在画框中呈现各个点的位置，就是所画三维物体在二维平面上点的位置。

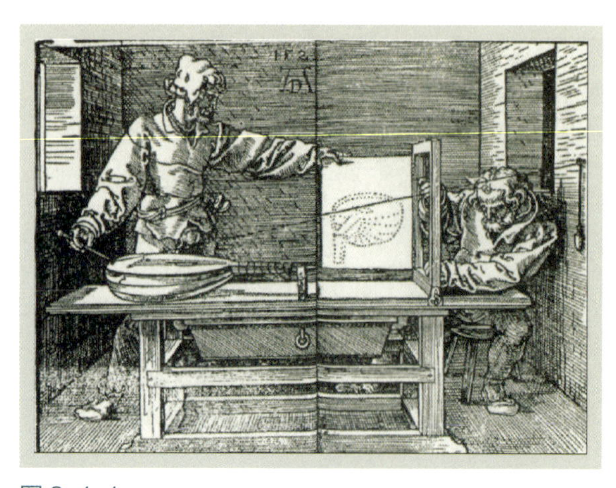

图 3–1–1

试一试

找一块玻璃板，将其置于眼睛和物体之间，在玻璃板上将物体的轮廓勾勒出来。

2. 透视特征

透视特征：近大远小、近高远低、近疏远密。

等体量的物体离人的视点越近则感觉越大，反之则越小；等高的物体离人的视点越近则感觉越高，反之则越低；等疏密的物体离人的视点越近则感觉越疏，反之则越密。图 3-1-2 中大桥两侧钢铁护栏的分布和枕木的距离，都是近大远小，近疏远密；图 3-1-3 中圆形门洞，实际上是一样大的，但是在透视图中看，越远越小。

图 3-1-2

图 3-1-3

在日常生活中，这种透视的现象随处可见。比如站在公路的中央看远处，公路两侧树和路灯都会交于一点，这个点的位置就是消失点。运用这种视觉上的特征，能够将画面描绘得更加立体，更加真实。

3. 透视术语

通过图 3-1-4，说明一下透视中常用的术语。

基面，一般看作是地面；画面，是绘制透视图的纸面。视点，就是眼睛所在的地方；视平线，是与人眼等高的一条水平线；视线，是视点与物体任何部分的假想连线；视距，视点到心点的垂直距离；视角，是物体两端射出的两条光线在视点处交叉而形成的角。

视域，是眼睛所能看到的空间范围，通常指人在 60° 范围内所看到的区域；视锥，是由视点放射到视域的线所形成的圆锥体，在现实生活中，这些线可以看作是从物体到达眼睛的光线。灭点，是透视的消失点，也称消失点。

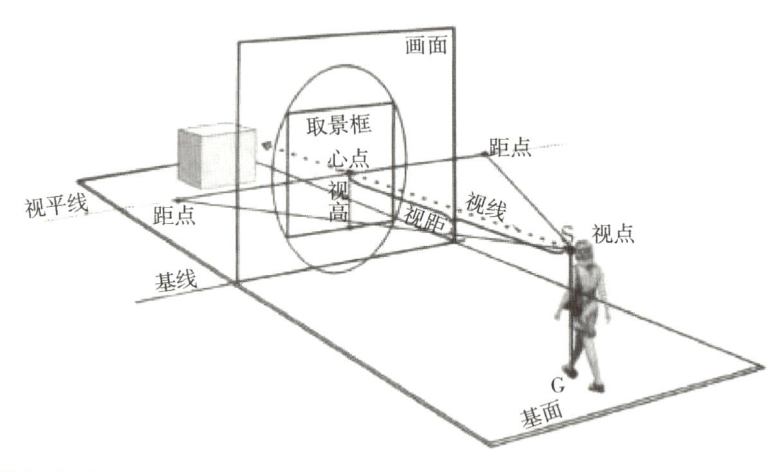

图 3-1-4

4. 透视的分类

（1）一点透视。

一点透视又称平行透视。一点透视只有一个消失点，物体消失或者集聚于一点（图 3-1-5）。一点透视经常用于室内或远景（远距离），由于其具有较强的纵深感，也适用于表现庄重对称的设计主体。图 3-1-6 所示为一点透视的街景图片。

（2）两点透视。

两点透视又称成角透视。两点透视有两个消失点，其中所有垂直方向的线都保持垂直，另外两个方向的线都汇聚于消失点（图 3-1-7）。

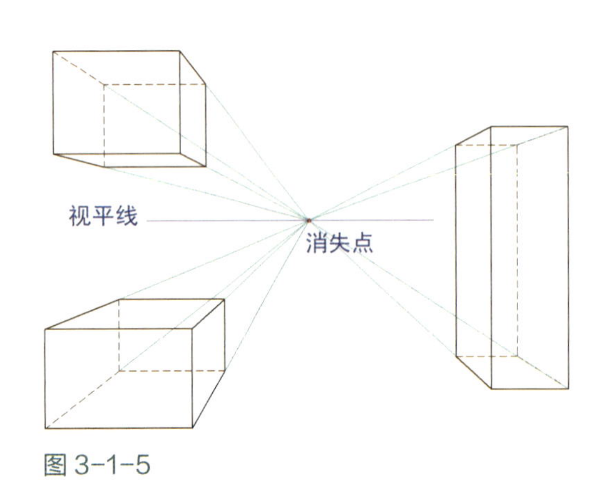

图 3-1-5

图 3-1-6

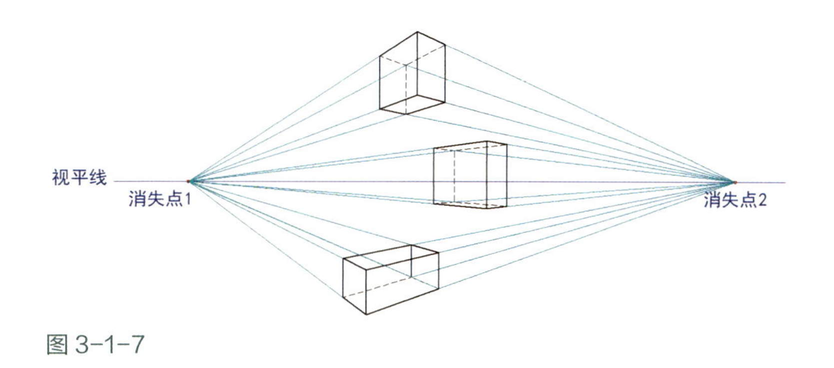

图 3-1-7

（3）三点透视。

图 3-1-8 中的形体相对于画面，其面及棱线都不平行，面的边线可以延伸为三个消失点，形成三点透视，简单来说就是有三个消失点的透视是三点透视。三点透视主要用于近景。在仰视高大建筑或俯视小物体时，建筑或物体的垂直会产生倾斜的感觉，这就是“倾斜”效应。因此三点透视又称为“倾斜透视”。

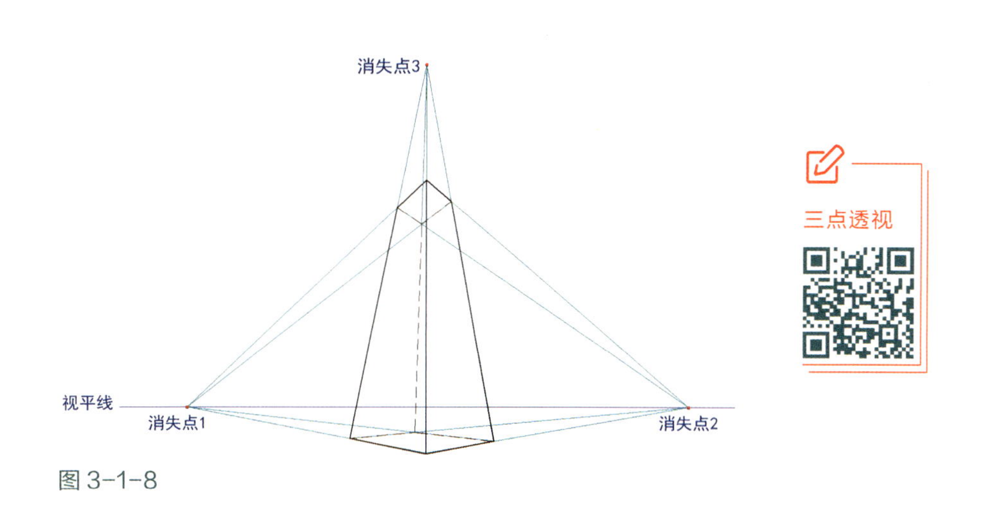

图 3-1-8

三点透视一般用于超高层建筑，或者俯视、仰视的物体，可以将其理解成带有透视畸变的透视。

特别提示

在中国，透视的起源比西方早 1000 多年。在 1937 年，梁思成、林徽因夫妇凭借敦煌莫高窟第 61 窟的《五台山图》（图 3-1-9）（壁画）的指引，在五台山真的找到了壁画中描绘的大佛光寺，与壁画毫无二致。所以敦煌画工早已运用近大远小的透视原理，在平面图中表现建筑群的立体场景。只不过，中国人不叫“透视法”，而称“远近法”。另外中国绘画一直沿用散点透视法，这种鸟瞰式透视，是中国绘画的一大特点。散点透视法更适合大场景的表现。

图 3-1-9

（4）散点透视法。

散点透视法不受视点和站点的限制，整个画面似乎有很多的视角，而每个视角又都在局部构成透视关系。

采用散点透视法时，画家可以不固定在某一位置观察景物，视点可上下、左右、远近随时变化。所以山水画，特别是长卷立轴式山水画，可把仰视、俯视、平视、远观、近取完美地结合在一起，表现出“咫尺千里”的辽阔境界，如赵孟頫的《鹊华秋色图》（图 3-1-10）。

中国古代山水画中这种独特的处理空间关系的艺术手法，既体现了中国画家观察自然的方法，同时也蕴含着中华民族的审美和胸襟，体现了中国人的自然观。

本书主要介绍一点透视画法和两点透视画法。

图 3-1-10

3.1.2　一点透视画法

一点透视画法

在绘制一点透视前，先来看看消失点的位置对整个画面的影响。

1. 消失点对一点透视的影响

图 3-1-11 中的九个正方体很好地体现了一点透视中消失点的位置和透视图的关系。

图 3-1-11 中心的正方体与视平线齐平，其正好在视中线上，此时只能看到它的一个面。当正方体沿视平线从视中线向左右两边移动时，就可以看到正方

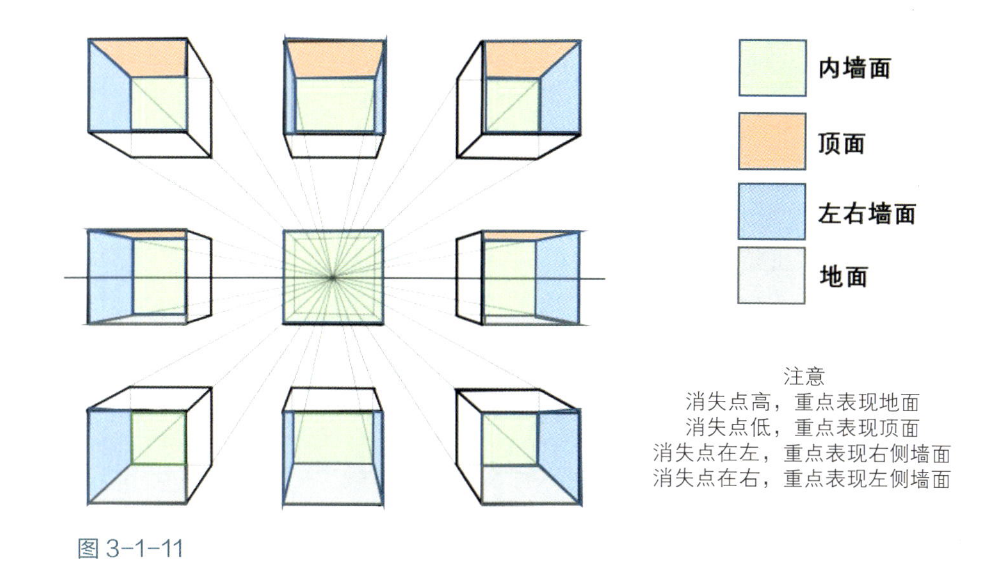

图 3-1-11

体的左面或右面，距离视中线越远，则看到的面就越大。当正方体沿视平线上下移动时，就可以看到正方体的顶面或底面，距离视平线越远，能看到的面就越大。当正方体远离视中线和视平线时，就能看到 3 个面，距离越远，看到的侧面越大。注意，无论正方体怎样移动，与画面平行的那个面始终没有变形。

在表现室内左侧墙面和室外左侧墙面时，消失点在哪个位置更合适？

2. 绘制室内空间一点透视的过程

根据图 3-1-12（a）所示室内空间的平面图，绘制图 3-1-12（b）所示一点透视图，具体步骤如下。

（1）确定地平线位置。

首先准备好一张画纸，纸张大小不小于 A4，可先定好地平线的位置。地平线可以在画纸中间进行移动，地平线定的高低取决于整个画面的透视角度，如果把地平线定得高，超出画面的话，感觉就是处于俯视的状态；如果把地平线定得低，那整个画面就展示出了仰视的角度，比如画面是蓝天白云。至于地平线的高低需要根据自己需求去定。

在室内空间表现时，一般在画纸高度约四六开的地方做地平线，如图 3-1-13 所示。

（2）确定构图比例和尺度。

确定地平线的位置后，寻找较为适当的比例绘制一个长方形作为内墙面。长方形的底边和地平线平齐，长方形的宽度约为画纸宽度的五分之一。

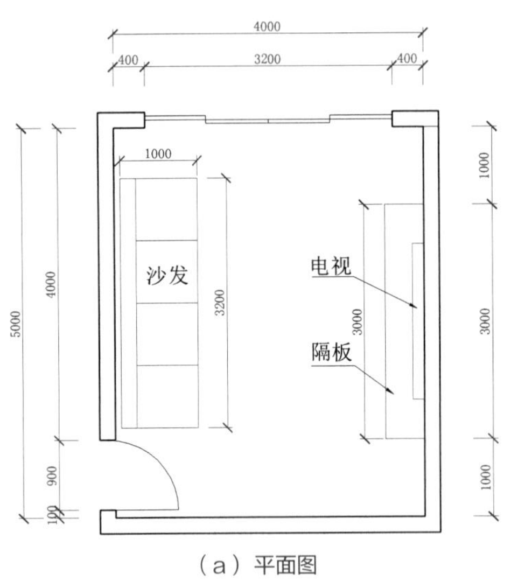

（a）平面图

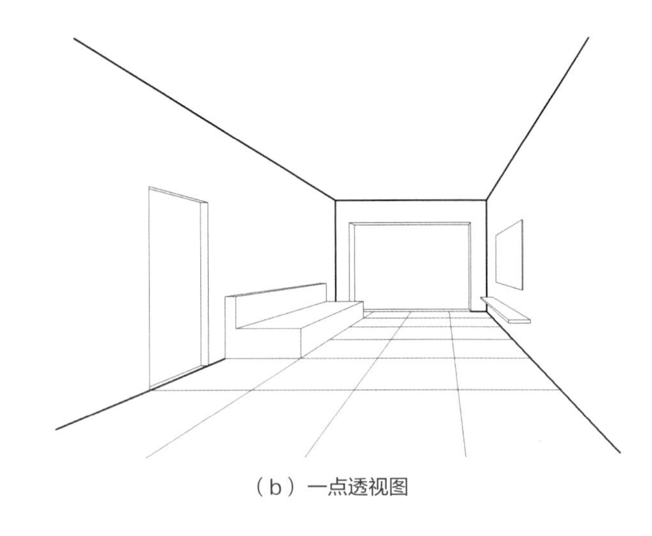

（b）一点透视图

图 3-1-12

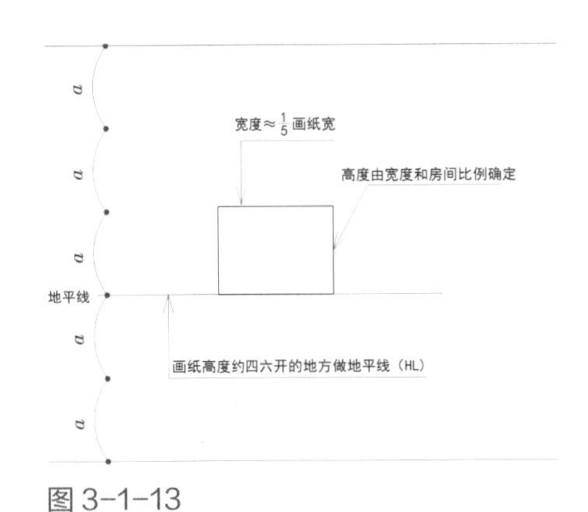

图 3-1-13

比例要根据空间的高宽比确定，如房间高 3m，宽 4m，那就可以绘制一个高宽比为 3 ∶ 4 的长方形作为墙面，然后将高度 3 等分，每一等份代表 1m，或者将宽度 4 等分，每一等份代表 1m，如图 3-1-14（b）所示；如果高 3m，宽 5m，则按照 3 ∶ 5 的比例绘制长方形，宽度 5 等分后，每一等份表示 1m，如图 3-1-14（b）所示。

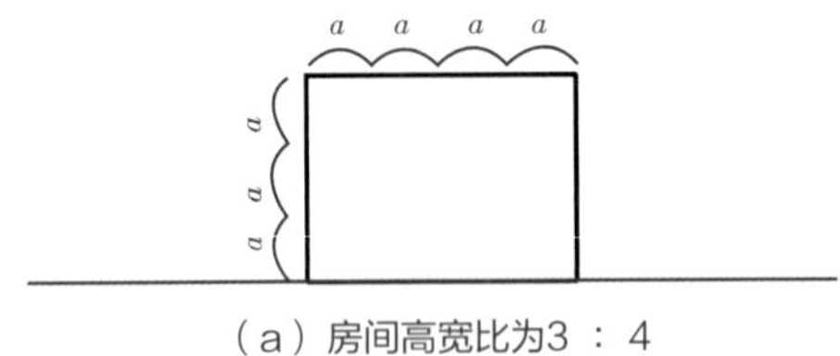

（a）房间高宽比为3 ∶ 4

（b）房间高宽比为3 ∶ 5

图 3-1-14

（3）确定视平线和消失点。

根据已求得的比例尺寸，在内墙高度为 0.9～17m 的位置上画出一条水平线，即视平线。然后在视平线上确定消失点。（本例选择在 1.2m 的位置画视平线，如图 3-1-15 所示。）

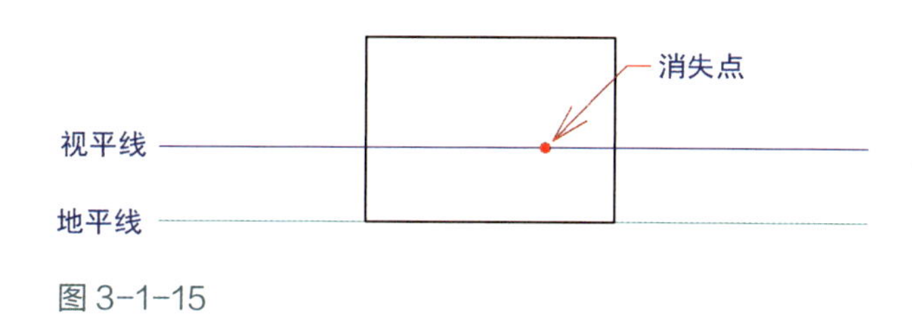

图 3-1-15

（4）连接顶线和地线。

确定了消失点后，分别将内墙面的四个角点和消失点进行连线并延长，就能够得到另外两个墙面、地面和顶面，如图 3-1-16 所示。此时的空间已有雏形，但缺少空间的进深。

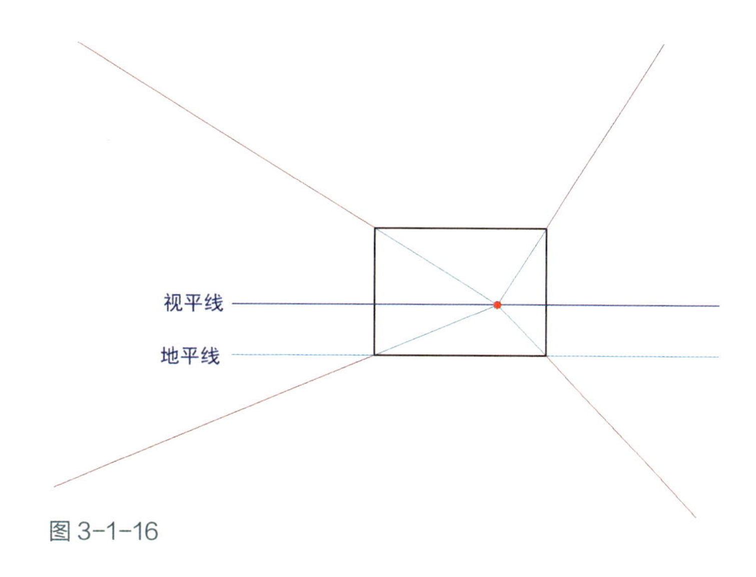

图 3-1-16

（5）求取空间进深，做地面网格。

要求取进深尺寸，先要确定测点的位置，确定方法如图 3-1-17 所示。首先沿地平线把长方形的底边延长；其次在延长线上画出实际进深尺寸。例如若房间的进深为 5m，就从内墙左下角点（设为点 a）开始再向左量出 5 个 1m，从最左边的点向上确定测点，命名为 M。

由 M 点向每个单位尺寸连线，它的延长线会与地线透视相交，然后从交点开始做水平线，每条线与相邻的水平线的距离就是透视中 1m 的距离，把这些水平线称为地面网格中的纬线。将消失点和内墙地面每个单位尺寸连线并延长，形成经线，经线和前面纬线相交就能得到地面每个单位的分格，如图 3-1-18 所示。

特别提示

通常 ma 的长度比空间的进深尺寸稍长。

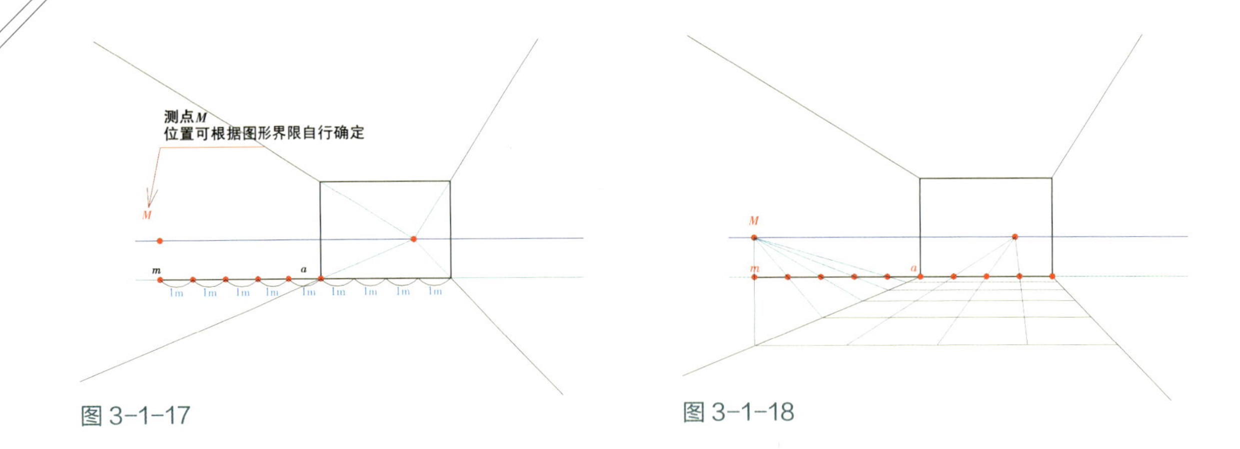

图 3-1-17　　图 3-1-18

（6）画墙面和顶面参考网格。

在上一步中，已求出了空间进深（地面的透视进深），并且地面网格与两侧的地线透视均有相应的相交点。只需通过相交点作垂直线就可求出墙面的进深宽度。过墙面进深与棚线的相交点做水平线就可求出相应的顶棚进深，由此就在空间中创建了参考网格，如图 3-1-19 所示，所有的造型和家具都以此网格为定位点，进行透视表现。

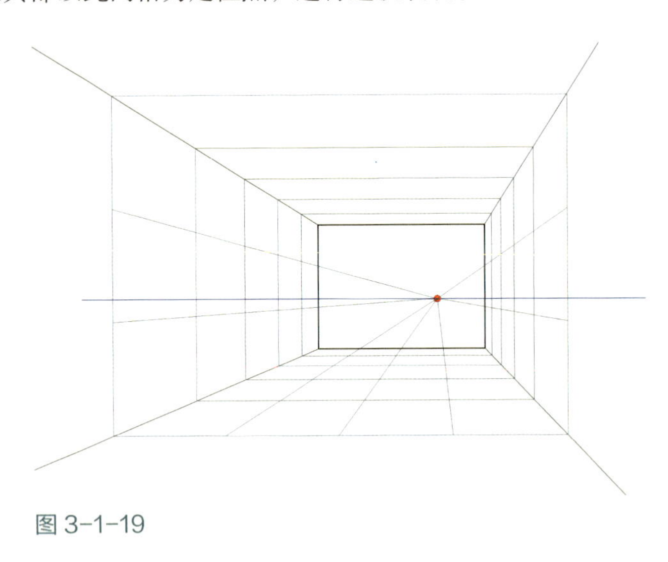

图 3-1-19

特别提示

在一点透视中，水平线和垂直线都保持水平和垂直方向，进深方向的线都经过消失点。

（7）在墙面和地面确定门和家具等的位置。

如图 3-1-20 所示，根据参考网格，在墙面和地面确定门和家具等的位置。

（8）绘制家具和门等的透视。

如图 3-1-21 所示，绘制家具和门等的透视。最后擦掉网格线和其他辅助线，完成透视图的绘制。

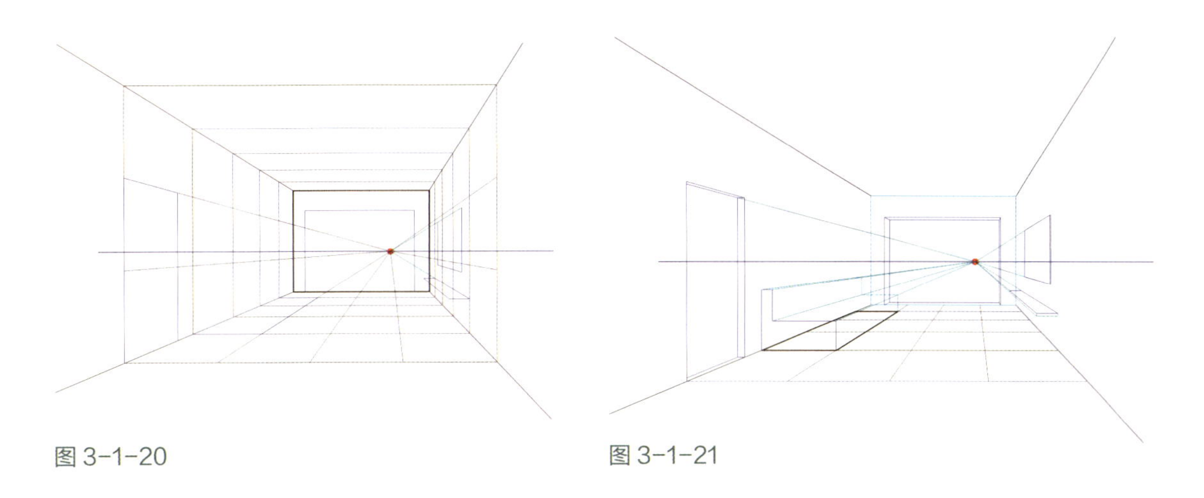

图 3-1-20　　图 3-1-21

3.1.3 两点透视画法

1. 消失点对两点透视的影响

绘制一点透视的时候，水平线和垂直线都保持水平和垂直的状态，只有进深方向的线发生了变形。而在绘制两点透视的时候，只有垂直线保持垂直，另外两个方向的线分别指向两个消失点，如图 3-1-22 所示。

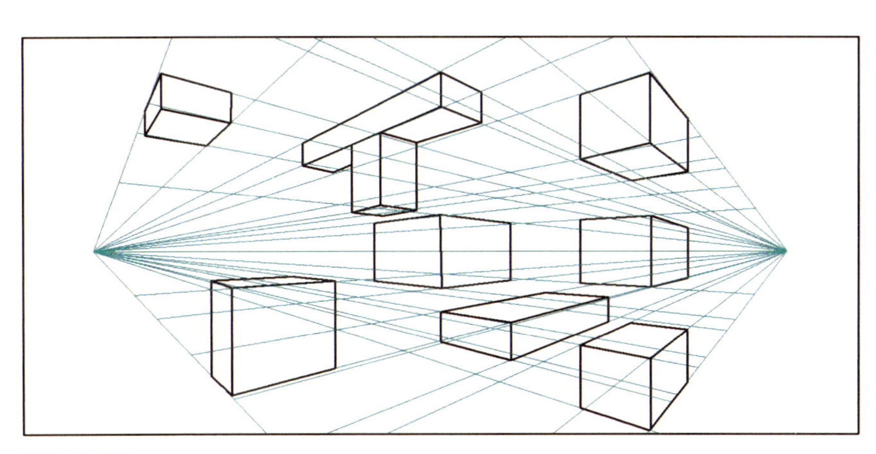

图 3-1-22

2. 绘制室内空间两点透视的过程

根据图 3–1–23（a）所示平面图，绘制图 3–1–23（b）所示两点透视图，具体步骤如下。

（1）确定地平线的位置。

地平线位置的确定方法和一点透视中一样，其位置取决于整个画面的透视角度。在室内空间两点透视表现中，一般也是在画纸高度约四六开的地方做地平线。

（2）确定视高。

确定地平线的位置后，从地平线开始，向上做一条竖直线（真高线）作为内墙线边缘，竖直线的位置在整个纸面的中心或者偏右 / 偏左一点的地方，竖直线的高度约占整个纸面高度的 1/5。然后根据墙体的高度将竖直线分段，比如墙高 3m，就将竖直线分为 3 段，每一段代表 1m，如图 3–1–24 所示；如果墙高 4m，就将竖直线分为 4 段，每段代表 1m。

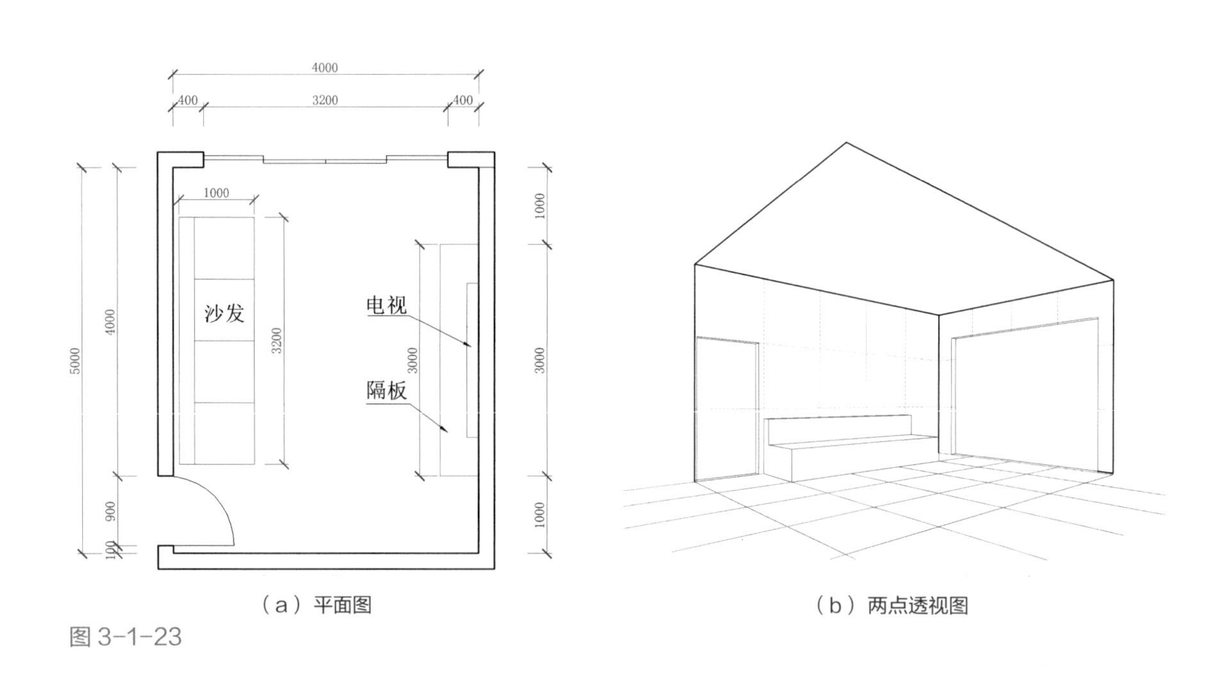

（a）平面图　　（b）两点透视图

图 3–1–23

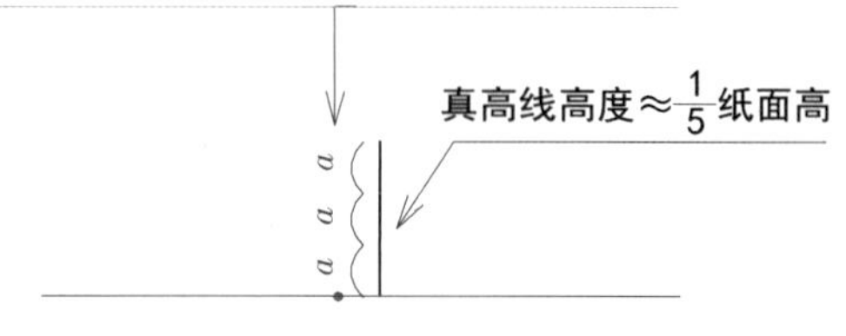

图 3–1–24

知识链接

在两点透视中，真高线是从物体的底部到视中线的垂线，其高度就是物体的实际高度，它是两点透视中的高度基准线。

（3）确定消失点。

根据已求得的比例尺寸，在内墙高度为 0.9～1.7m 的位置上画出一条水平线，即视平线。（本例选择在 1.2m 的位置画视平线）。

然后在视平线上确定两个消失点，两个消失点的位置对画面的最终效果有直接的影响。在工程制图中，消失点的位置跟站点和观测的角度都有关系，作图过程比较复杂；在手绘表现中，可以根据需要大致确定两个消失点的位置，两个消失点之间的距离约为真高线的 5～8 倍，一般在整个画面的左右两边。视平线和消失点的确定如图 3-1-25 所示。

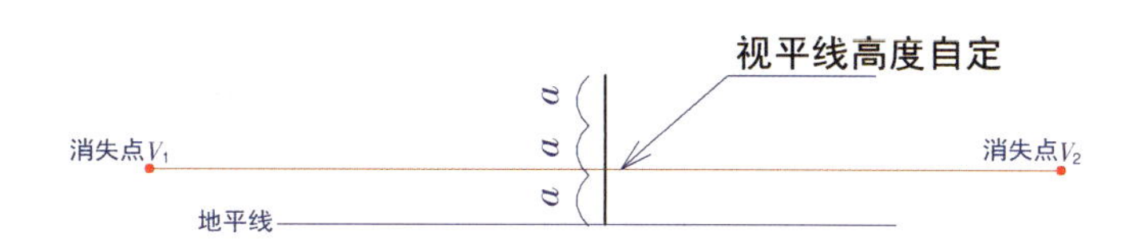

图 3-1-25

（4）绘制墙角的透视。

确定了消失点后，分别连接消失点与竖直线的上下两个端点并延长，绘制出墙角的透视效果，如果效果不理想，可以调整消失点的位置和相对距离，直到效果理想。

此时已有空间雏形（图 3-1-26），可以看到两个墙面、地面和顶面的透视，但缺少空间的进深。

（5）确定测点位置。

接下来，求取进深，确定测点位置。跟确定消失点一样，这里也选择用大致的位置，两个测点之间的距离等于 2.5～4 倍真高线的长度，在两个消失点与内墙线连线的中间位置确定两个测点的位置，如图 3-1-27 所示。

在真高线最低点处画水平线，在水平线上按比例截取节点，分别经过两个测点与前面水平线截取的节点连线并延长，和地面的墙角线相交，得到房间的透视进深，如图 3-1-28 所示。

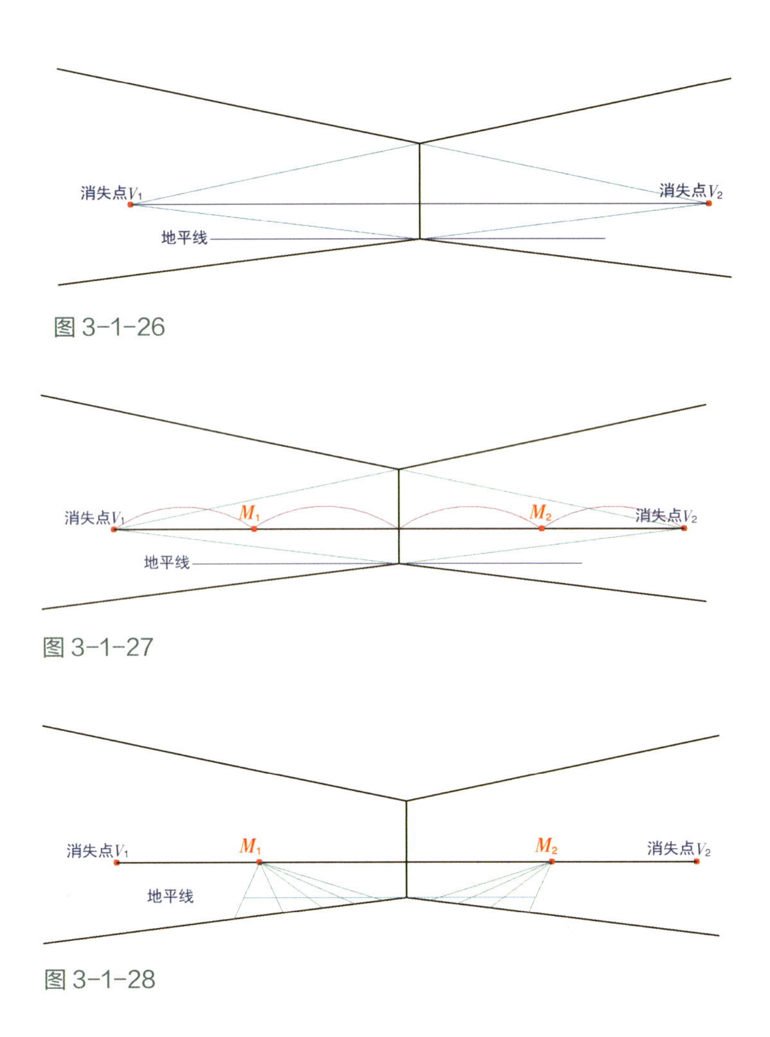

图 3-1-26

图 3-1-27

图 3-1-28

（6）绘制地面网格。

分别将左右两个消失点和透视进深连线并延长，绘制出地面的网格透视，如图 3-1-29 所示，这个网格将为后期绘制家具提供位置参考。

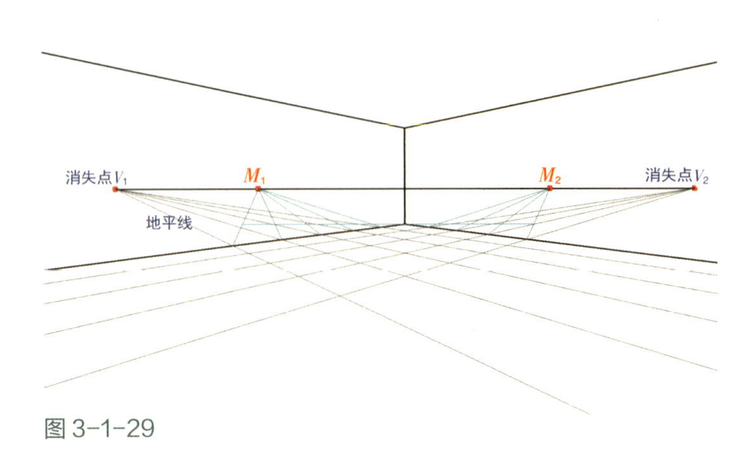

图 3-1-29

（7）绘制顶面和墙面网格。

在前6步中，已求出了地面网格，并且地面网格与两侧的地线均有相应的相交点，从交点垂直向上确定墙面的透视图3-1-30（a）。

在求取墙面的进深和宽度时，只需通过地面网格和墙面的交点做垂线，即可求出墙面的进深。将墙面两个竖直高度等比例划分并连接，就可以绘制出墙面的网格（也可以用一个竖直高度连接消失点确定另一边的高度）[图3-1-30（b）]。用同样的办法做出另一个墙面。

完成墙面的网格后，再把墙面网格与顶角线的相交点和消失点相连，就可求出相应的顶面网格。

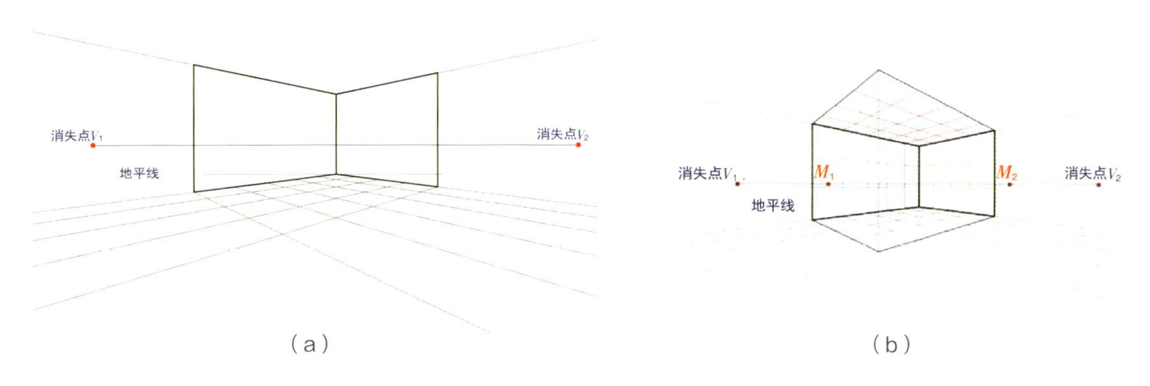

图3-1-30

特别提示

很多时候是不需要墙面网格的，比如当墙面只有窗或只有门时，那么只需要在地线相应的位置确定门窗的位置，然后竖直向上绘制，再按比例确定高度就可以了。同样，如果里面没有特殊的造型，则不需要绘制顶面网格。

（8）确定门和家具等的位置。

如图3-1-31所示，根据墙面和地面网格，确定门和家具等的位置。

（9）绘制门和家具等的透视。

如图3-1-32所示，绘制家具和门等的透视。最后擦掉网格线和其他辅助线，完成透视图的绘制。

如果地面有圆弧地毯造型，应该如何绘制？

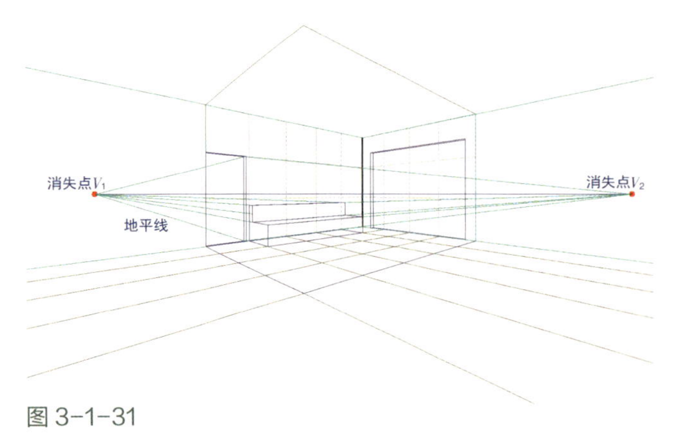

图 3-1-31

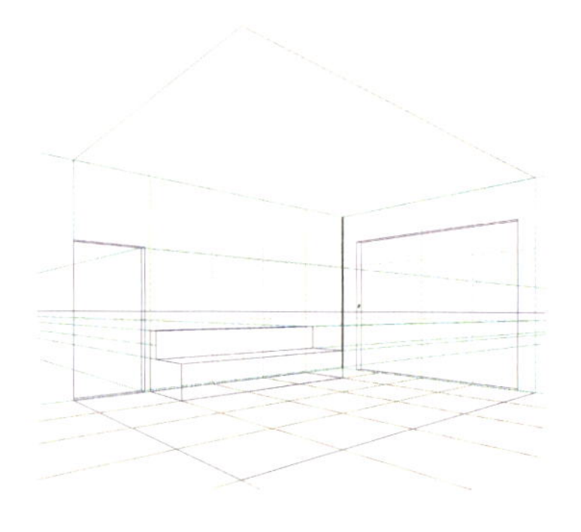

图 3-1-32

试一试

上图案例中顶面若有造型，该如何表现呢？

随堂练习

根据下列各图要求，绘制不同空间的一点透视或两点透视，并根据表 3-1 进行成果评价。

（1）会议室宽为 6m，高为 3.6m，长为 8m，平面布置如图 3-1-33 所示，试绘制室内空间的一点透视，视高位置自定。

（2）餐厅走廊宽为 2.1m，长为 12m，高为 3.6m，平面布置如图 3-1-34 所示，试绘制该走廊空间的一点透视，视高位置自定。

（3）房间宽为 4m，长为 5.1m，高为 2.8m，平面布置如图 3-1-35 所示，试绘制该室内空间的两点透视，视高位置自定。

评价标准

表 3-1　评价标准

评价内容	评价标准	权重	分项得分
确定地平线	地平线高度合适	2	
确定构图比例和尺度	比例符合空间高宽比，真高线位置合适	2	
确定消失点	消失点位置合适	2	
确定进深，绘制地面网格	测点位置合适，透视无变形	2	
绘制墙面和顶面网格	网格绘制正确	2	
合计		10	

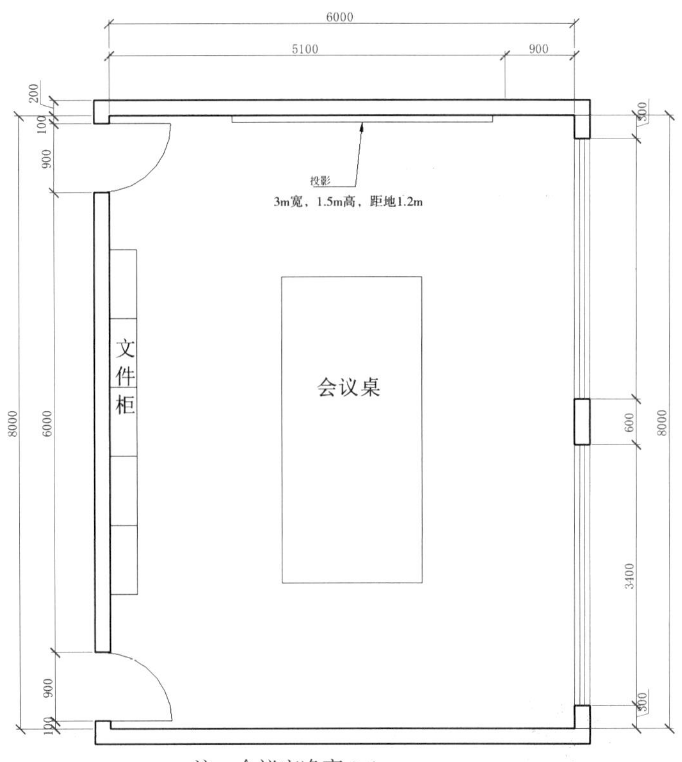

注：会议室净高 3.6m。

图 3-1-33

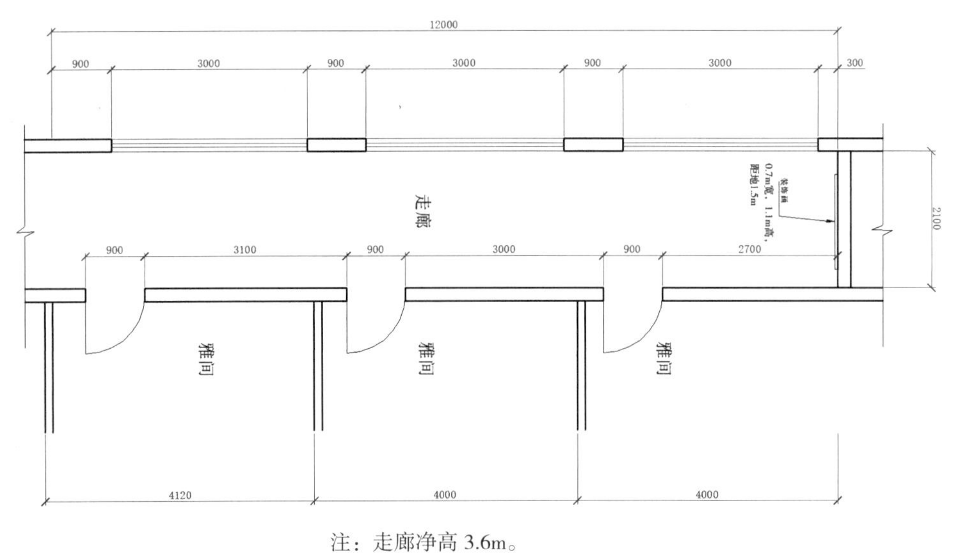

注：走廊净高 3.6m。

图 3-1-34

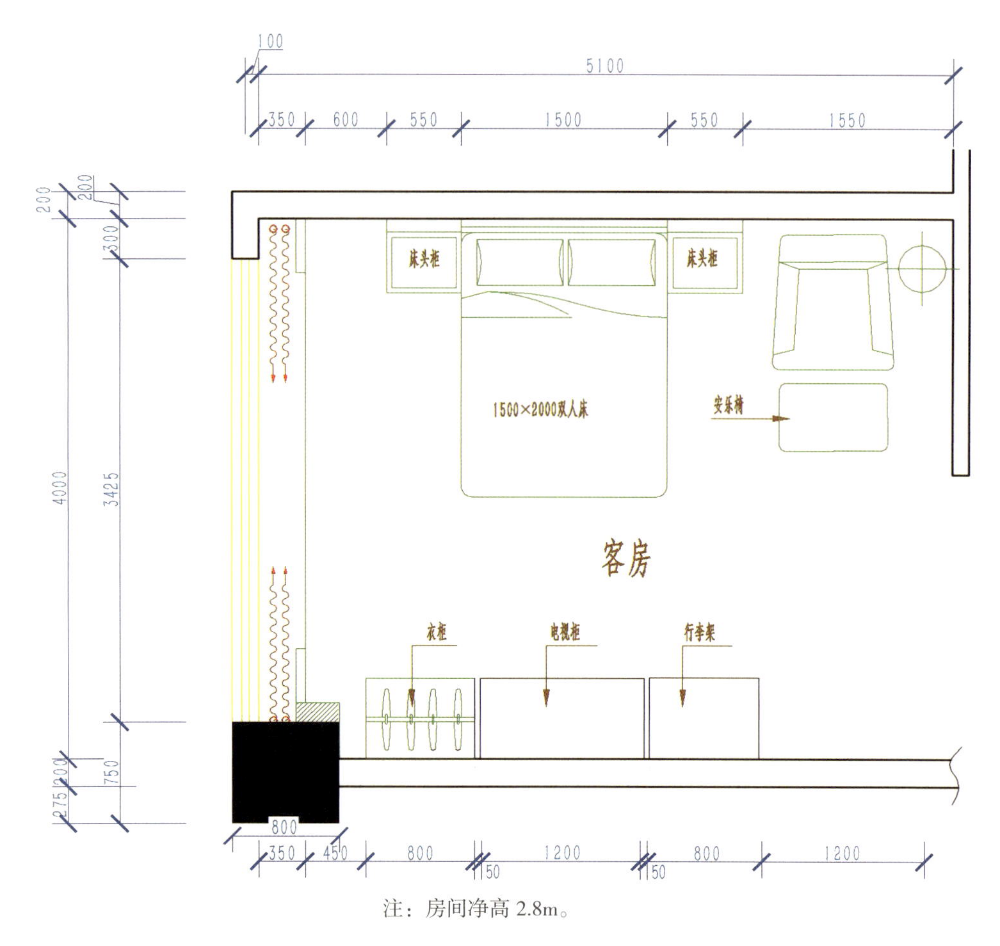

注：房间净高 2.8m。

图 3-1-35

3.2 单体元素表现

空间环境由各种单体元素构成，这些元素在手绘表现中至关重要。常见单体元素包括室内家具、电器和装饰品，还有室外的石阶、花坛和连廊等。这些元素不仅各自拥有独特的造型，还呈现出多样的质感。在绘制这些元素时，形体透视的准确性是基础，同时还要注意材质的特点和比例尺度。通过细致的线稿描绘及色彩表达，可以准确、形象地表现出形体的细节和特征。这种训练有助于提高我们对单体元素的感知能力。

想一想

举例说明建筑装饰手绘单体元素之间的差异性，表现时应注意哪些问题？

3.2.1 家具表现

这里以沙发为例，讲解家具表现。

1. 沙发绘制步骤

（1）确定沙发透视和比例，绘制墨线，并强调物体光影关系（图 3–2–1）。

（2）对沙发进行第一层上色，通常采用平铺方式，此时无须太多笔触处理（图 3–2–2）。

（3）对沙发进行第二层上色，强化明暗关系处理，增强沙发层次感。同时绘制地面阴影，增加空间感（图 3–2–3）。

（4）整体调整并对细节进行刻画，局部色彩可用彩色铅笔过渡和高光笔提亮，使画面协调而统一（图 3–2–4）。

图 3–2–1

图 3–2–2

图 3–2–3

图 3–2–4

床、沙发的画法

沙发上色演示

床体上色演示

2. 家具手绘案例展示（图 3-2-5～图 3-2-7）

图 3-2-5

图 3-2-6

图 3-2-7

3.2.2 电器、洁具表现

以空调、音箱、洁具为例，讲解电器、洁具表现。

1. 空调、音箱、洁具绘制步骤

（1）按形体比例绘出物体外轮廓，力求线条流畅自然，切忌犹豫和停顿（图 3-2-8）。

（2）通过中性笔线条来表现物体的光影关系，切忌乱排（图 3-2-9）。

（3）对物体进行初步上色，表现出大的明暗关系（图 3-2-10）。

（4）进一步强化光影关系，并画出投影，增强物体层次感（图 3-2-11）。

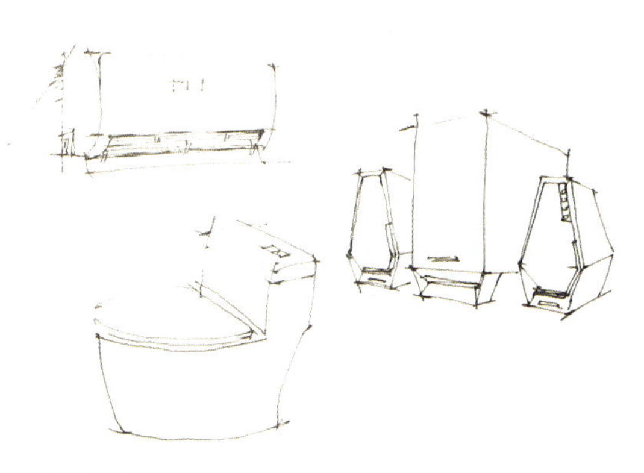

图 3-2-8

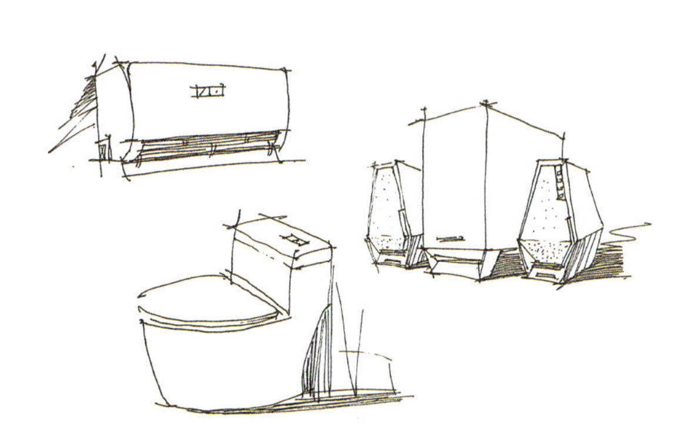

图 3-2-9

图 3-2-10　　图 3-2-11

（5）整体调整，并对细节进行刻画，局部色彩可用彩色铅笔过渡和高光笔提亮，使画面协调而统一。

2. 电器、洁具手绘案例展示（图 3-2-12）

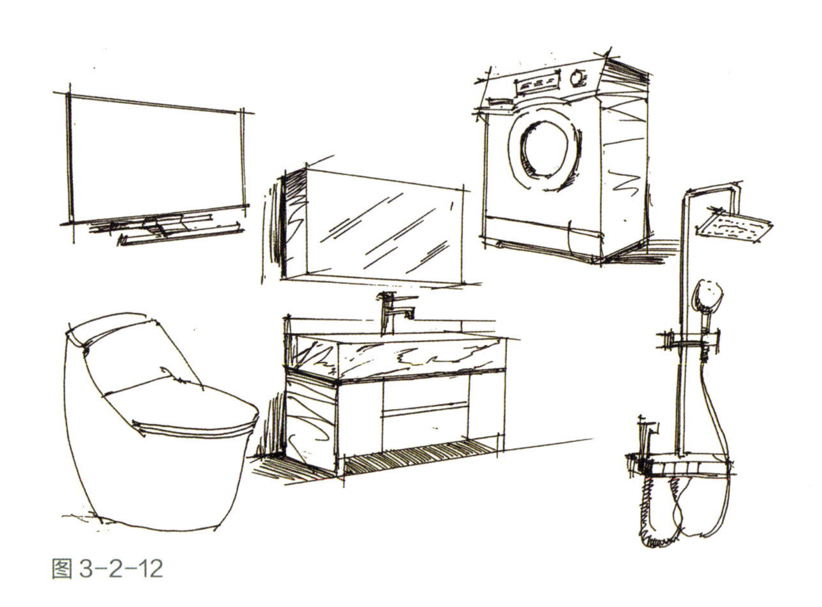

图 3-2-12

3.2.3　石阶表现

1. 石阶绘制步骤

（1）绘制透视线稿图（图 3-2-13）。

（2）用墨线表现出明暗关系（图 3-2-14）。

（3）对画面进行初步上色（图 3-2-15）。

（4）强化色彩表现，增强明暗变化（图 3-2-16）。

（5）整体调整，对细节进行处理，突出主题。

图 3-2-13

图 3-2-14

图 3-2-15

图 3-2-16

2. 石阶手绘案例展示（图 3-2-17、图 3-2-18）

图 3-2-17

图 3-2-18

3.2.4 花坛表现

1. 花坛绘制步骤

（1）绘制透视线稿图（图 3-2-19）。

（2）用墨线表现出明暗关系（图 3-2-20）。

图 3-2-19

图 3-2-20

（3）对画面进行初步上色，上植物固有色（图 3-2-21）。

（4）强化色彩表现，增强明暗变化（图 3-2-22）。

（5）整体调整，对细节进行刻画，突出主题。

图 3-2-21

图 3-2-22

2. 花坛手绘案例展示（图 3-2-23）

图 3-2-23

3.2.5 亭、廊表现

以连廊为例，讲解亭、廊表现。

1. 连廊绘制步骤

（1）确定物体透视和比例，用铅笔绘制草图（图 3–2–24）。

（2）用墨线绘制，并强调物体光影关系（图 3–2–25）。

（3）对物体进行第一层上色，通常采用平铺方式，此时无须太多笔触处理（图 3–2–26）。

（4）对物体进行第二层上色，强化明暗关系处理，增强物体层次感（图 3–2–27）。

（5）整体调整并对细节进行刻画，局部色彩可用彩色铅笔过渡和高光笔提亮，使画面协调而统一（图 3–2–28）。

图 3–2–24

图 3–2–25

图 3–2–26

图 3–2–27

图 3–2–28

2. 亭、廊手绘案例展示（图 3-2-29、图 3-2-30）

图 3-2-29

图 3-2-30

随堂练习

参考本节内容，进行家具、洁具、电器、石阶、花坛、亭、廊等单体的透视练习，绘制各种单体的透视表现，并根据表 3-2 进行成果评价。

成果评价

表3-2 成果评价

评价内容	评价标准	权重	分项得分
透视角度、高度合适	角度与高度选择合理，能够表现出重点部分	2	
光影明暗	明暗关系清晰	2	
细节表现	尺度准确	2	
构图	构图完整合理，有美感	2	
线条表现、色彩表现	线条流畅自然，色彩关系准确	2	
合计		10	

| 模块小结 |

通过本模块的学习，了解透视的类型和特征，掌握一点透视和两点透视的绘图方法、透视的构图原理，并能够应用基本原理绘出不同类型单体的透视，掌握透视图的绘制过程和要点，进而掌握图形的绘制，这些知识和技能是后面单体组合表现和整体空间表现的基础，有助于提高学生的构图能力和组合表现水平。

| 模块检测 |

一、单选题

1. 下列关于一点透视的说法错误的是（　）。

A. 只有一个消失点　　B. 又称“平行透视”

C. 具有较强的纵深感　　D. 适合表现灵活、动感的设计

2. 下列关于三点透视说法错误的是（　）。

A. 有三个消失点　　B. 建筑物或物体的垂直不会产生倾斜的感觉

C. 又称为“倾斜透视”　　D. 是带有透视畸变的透视

3.《五台山图》采用的是透视类型是（　）。

A. 一点透视　　B. 两点透视　　C. 三点透视　　D. 散点透视

4. 两点透视不具有（　）的特点。

A. 画面自由、活泼　　B. 两个消失点

C. 视野狭小　　D. 表现空间界面比较少

5. 若想重点表现右侧墙面，消失点应在（　）。

A. 左边　　B. 右边　　C. 上边　　D. 下边

6. 下面（　）不属于透视的名词。

A. 基线　　B. 角点　　C. 灭点　　D. 视点

7. 绘制透视时，视平线位置一般在整个画面的（　）处。

A. 1/2　　B. 1/3　　C. 1/4　　D. 2/5

8. 两点透视中，两个消失点之间的距离约为（　）倍真高线。

A. 2～3　　B. 3～5　　C. 4～7　　D. 5～8

二、填空题

1. 两点透视又称“(　　　　)”，透视有两个消失点。

2. 视平线上用来确定室内空间进深的点叫作(　　　　)。

3. 一点透视也称(　　　　)，就是与画面平行的面始终没有变形的透视。这种透视有整齐、平展、稳定、庄严的感觉。

三、判断题

1. 消失点就是与画面不平行的成角物体，在透视中伸远到视平线心点两旁的消失点。(　　)

2. 两点透视的消失点可以不在同一条线上。(　　)

3. 不论是一点透视还是两点透视，竖直线始终保持竖直方向，不会发生变形。(　　)

四、简答题

1. 简要说明透视的特征。

2. 简要说明绘制一点透视图的过程。

模块 4

构图原理与组合表现

思维导图

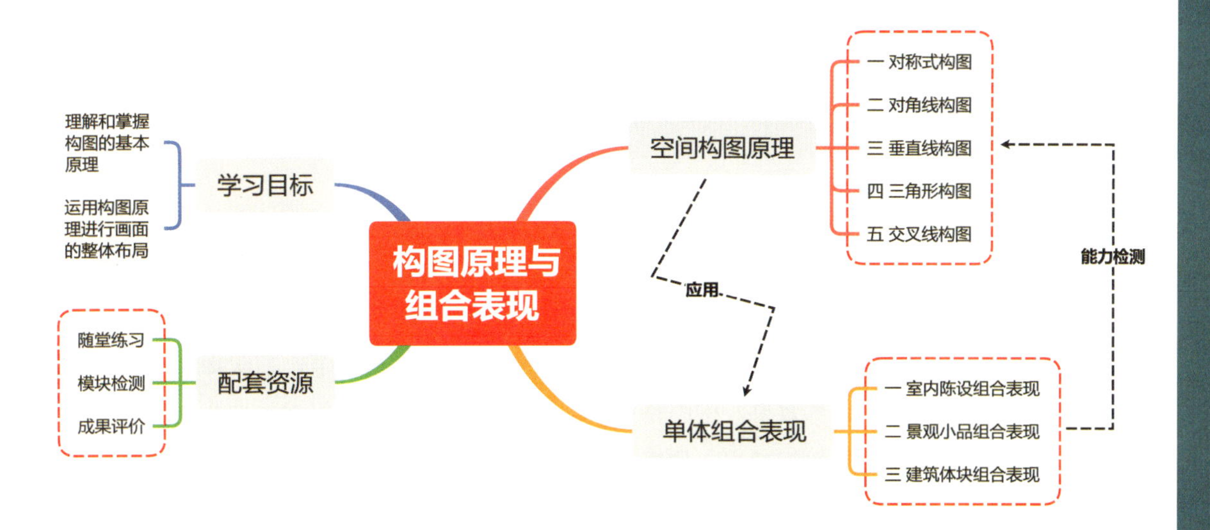

导读

党的二十大报告指出，增强中华文明传播力影响力。一名优秀设计师，应该善于利用自己的双手，展现可信、可爱、可敬的中国形象。

构图原理与组合表现是手绘表现创作中的重要环节。在表现中，构图是画面布局的关键，它决定了画面的整体结构和视觉效果。组合表现是指将不同的元素和素材有机地结合在一起，形成一个完整、和谐的艺术作品。

在构图方面，绘画者需要运用对比、平衡、层次等原理，合理安排画面的点、线、面和色彩等因素。例如，通过对比来突出画面的重点和次要元素，利用平衡来维持画面的稳定感，利用层次来营造画面的深度和空间感。

在组合表现方面，绘画者需要将不同的素材和元素巧妙组合，使它们相互呼应、相互衬托。这需要绘画者具备敏锐的观察力和感受力，善于发现不同元素之间的内在联系和呼应关系，并将其有机地结合在一起。

总之，构图原理与组合表现是绘画创作的重要环节，它们直接影响画面的整体效果和艺术价值。绘画者需要不断探索和创新，不断提高自己的构图能力和组合表现水平，以创作出更加优秀、更加感人的艺术作品。

重点：手绘表现构图形式。

难点：各类手绘表现构图形式在绘图中的合理应用。

4.1 空间构图原理

构图形式

构图是一个造型艺术术语，是绘画中非常重要的环节，它决定了画面的布局、层次和视觉效果。构图是指绘画时根据题材和主题思想的要求，把要表现的形象适当地组织起来，构成一个协调的完整的画面。构图原理就是造型艺术的原理，常见的构图方式包括对称式构图、对角线构图、垂直线构图、三角形构图、交叉线构图等。

4.1.1 对称式构图

对称式构图指画面从中部开始左右对称的构图方式。对称式构图的画面非常稳定，左右平衡，能够体现画面的对称性；但其相对于其他构图形式而言缺少变化，所以我们经常在画面添加不同形状大小的配景物体。其常用于表现对称的建筑场景。图 4–1–1 所示为某对称的建筑场景，图 4–1–2 为该场景的对称式构图表现。

图 4–1–1

图 4–1–2

4.1.2 对角线构图

对角线是一种具有活力的线条，给人以力量感、方向感。而对角线构图（图 4–1–3）就是将主体元素沿画面对角线方向进行放置的构图方式，画面会产生极强的动感并表现出很好的纵深效果。画面在突出主体的同时显得活泼生动，具有立体空间感，更容易吸引观者的视线。

4.1.3 垂直线构图

垂直线构图（图 4–1–4），就是利用画面中垂直于上下画框的直线线条元素构建画面的构图方式。这种构图方式向上汇聚透视感，可以表现一种成长之势，也可以表现高度和气势，给人一种高大挺拔的视觉感受。

4.1.4 三角形构图

三角形构图（图 4–1–5），就是将画面中的主体置于三角形的结构中，或是主体本身即为

图 4-1-3

图 4-1-4

图 4-1-5

三角形元素，直接构建画面的构图方式。三角形是常见几何图形中最具有稳定性的，所以三角形构图也是构图方式中最稳定的。三角形构图打破了视觉上的平面感，因而可以使主体元素在画面中更具立体感。

4.1.5 交叉线构图

交叉线构图（图 4–1–6）指的是画面中的景物呈斜线交叉布局的构图方式。交叉线的交叉点可以在画面内，也可以在画面外，一般把交叉点（就是我们通常说的消失点或者灭点）放置在画面内。交叉线构图可以充分利用画面空间，将视线引向固定区域。

图 4–1–6

特别提示

留　白

在中国的艺术作品创作中，留白是一种非常重要的意境表现手法。它是指在书画艺术创作中，为了使整个作品的画面和章法更加协调精美，有意留下一些空白。这样可以留有想象的空间，让人们在欣赏作品时产生更多的遐想。国画中常用一些空白来表现画面中需要的水、云雾、风等景象，这种技法比直接用颜色来渲染更含蓄内敛。后来此技法渐渐被用到了其他艺术作品创作中。留白可以使画面构图协调，减少构图太满给人的压抑感，很自然地引导读者把目光引向主体。

绘画需要留白，艺术大师往往是留白的大师，方寸之地亦显天地之宽。南宋马远的《寒江独钓图》（图 4–1–7），只见一幅画中，一只小舟，一个渔翁在垂钓，整幅画中虽然没有一丝水，却让人感到烟波浩渺，满幅皆水，予人以想象之余地。如此以无胜有的留白艺术，具有很高的审美价值，正所谓“此处无物胜有物”。

图 4–1–7

随堂练习

参考案例展示，对各种构图方式进行临摹练习，并根据表 4-1 进行成果评价。

成果评价

表 4-1　成果评价

评价内容	评价标准	权重	分项得分
图片选择	图片选择风格各异，不雷同	2	
构图比例	比例恰当，主体突出，环境和谐	3	
线条表达	透视准确，构图、比例、明暗关系合理正确	5	
合计		10	

4.2 单体组合表现

单体组合表现是建筑装饰表现学习的一个重要环节，它通过将不同单体元素巧妙组合，形成一个和谐、统一的室内外局部小场景。这种表现手法的学习，可以提升对画面整体性和统一性的把控，通过元素的对比、平衡，以及主题和空间等方面的处理，增强室内外设计的艺术感和设计感。总之，单体组合表现是富有创意和表现力的展示手法，能为后期整体空间表现打下良好基础。

室内组合陈设线稿演示

4.2.1　室内陈设组合表现

室内陈设组合表现是室内设计中重要的表现手法之一。通过对家具、灯具、装饰品等陈设元素的组合和搭配，表现出室内设计的整体风格和氛围。在室内陈设组合表现中，要注意各个陈设元素之间的协调性和整体性，以及陈设元素与空间尺度的关系，同时，还要考虑人的心理感受和舒适度，创造出舒适、实用的室内环境。

室内组合陈设上色演示

1. 室内陈设组合表现线稿、色彩绘制步骤

（1）用铅笔起稿，勾出轮廓（图 4-2-1）。需注意透视方向。

（2）用墨线强化轮廓，进行细节刻画，增加光影关系（图 4-2-2）。

（3）根据画面确定色系（黄色系、木色系及局部亮色）。

（4）用黄色系对沙发进行上色，由浅入深，注意渐变。

（5）用木色系对茶几、角几进行上色，注意物体结构与用笔的技巧（图 4-2-3）。

（6）进行细节修饰（图 4-2-4）。

图 4-2-1

图 4-2-2

图 4-2-3

图 4-2-4

2. 室内陈设组合手绘案例展示（图 4-2-5、图 4-2-6）

图 4-2-5

图 4-2-6

4.2.2 景观小品组合表现

景观小品组合表现是将不同功能、不同形式的小品元素进行组合和搭配，实现景观空间整体效果的最大化。景观小品元素包括雕塑、座椅、灯光、花坛、标识牌等，它们在景观设计中扮演着不同的角色，承担着不同的功能。通过合理的组合和搭配，可以让这些景观小品元素与周围环境相协调，增强景观的整体美观度和舒适度，满足人们的使用体验和心理感受。同时，景观小品组合表现还可以传达文化、艺术和生态等多重意义，为城市环境和公共空间带来更多的活力和特色。

1. 景观小品组合表现线稿、色彩绘制步骤

图 4–2–7 所示场景十分巧妙地使用悬浮天桥作为一个观景的廊道，最大程度地减少对景观的破坏。单从场景照片来看，这是一个典型的一点透视图，其构图形态已经比较和谐，只不过其构图接近于方形，而我们选择的纸面却是横向的 A3 图幅，因此需要对整个画面进行调整。

图 4–2–7

基于前面对场景照片的分析，对场景照片进行二次构图。将整个画面的天桥部分适当延长，树木部分适当增高，远景植物弱化。

（1）对原始画面进行调整，采用一点透视构图。

（2）由天桥开始，进行铅笔稿刻画，注意支撑钢构件的细节，再绘制树木、矮植等（图 4–2–8）。

（3）铅笔稿完成以后，就可以开始进行墨线稿的绘制，注意线条的流畅，以及线条与线条之间的衔接（图 4–2–9）。

（4）根据画面确定要选择的色系，可选择木色系、暖灰色系、绿色系及局部亮色。

（5）用木色系对天桥进行上色，由浅入深，注意渐变（图 4–2–10）。

（6）用暖灰色系和绿色系对植物进行上色，注意植物的长势与用笔的技巧（图 4–2–11）。

（7）用暖灰色系和木色系对树木上色。

（8）使用亮色刻画人物及花朵。

（9）最后使用高光笔加以修饰。

图 4-2-8

图 4-2-9

图 4-2-10

图 4-2-11

2. 景观小品组合手绘案例展示（图 4-2-12）

图 4-2-12

4.2.3 建筑体块组合表现

建筑体块组合表现是建筑设计中重要的表现手法之一。通过对不同大小、不同方向的建筑体块元素的组合，表现出建筑设计的整体风格和氛围。在建筑体块组合表现中，要注意各个体块之间的协调性和整体性，以及建筑体块与空间尺度的关系。

1. 建筑体块组合表现线稿、色彩绘制步骤

（1）初学者建议用铅笔尺规起稿，勾出轮廓（图 4–2–13 ～图 4–2–15）。

（2）用铅笔刻画基本细节（图 4–2–16、图 4–2–17）。

（3）用墨线强化轮廓，进行细节刻画（图 4–2–18）。

（4）增加光影关系（图 4–2–19）。

（5）根据画面确定色系。

（6）对建筑体块进行上色（图 4–2–20）。

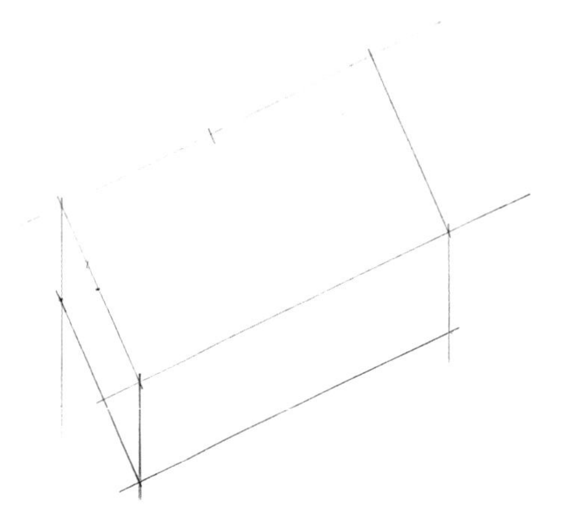

图 4–2–13

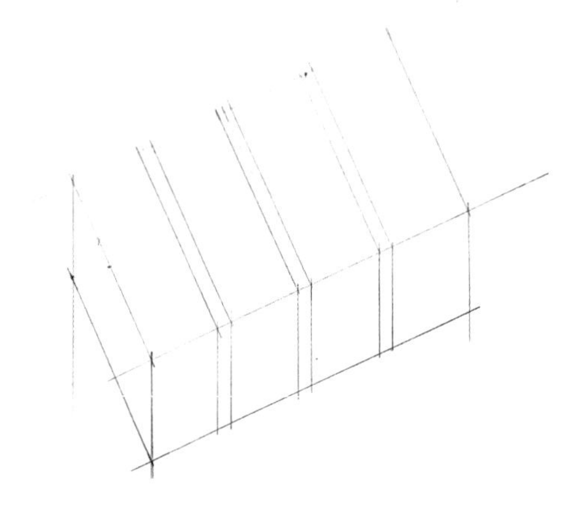

图 4–2–14

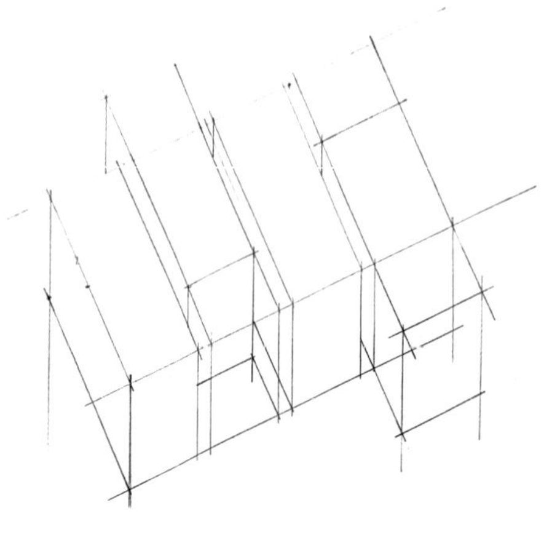

图 4–2–15

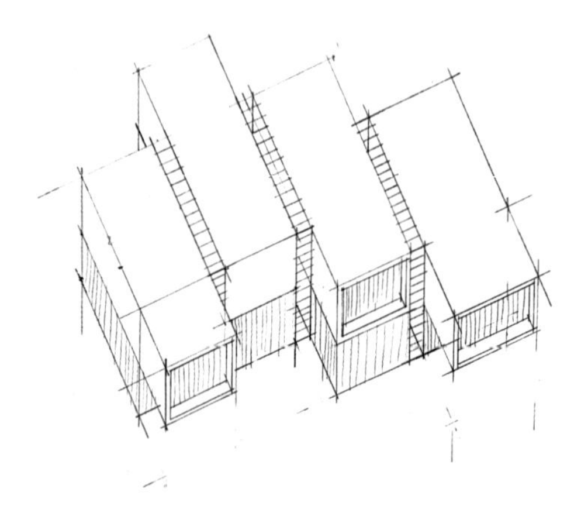

图 4–2–16

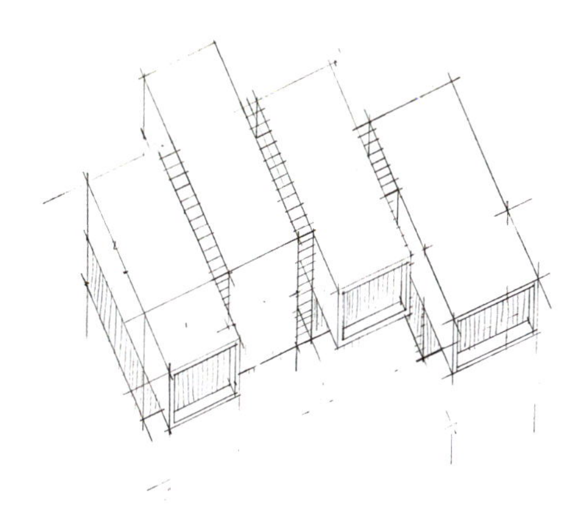

图 4-2-17

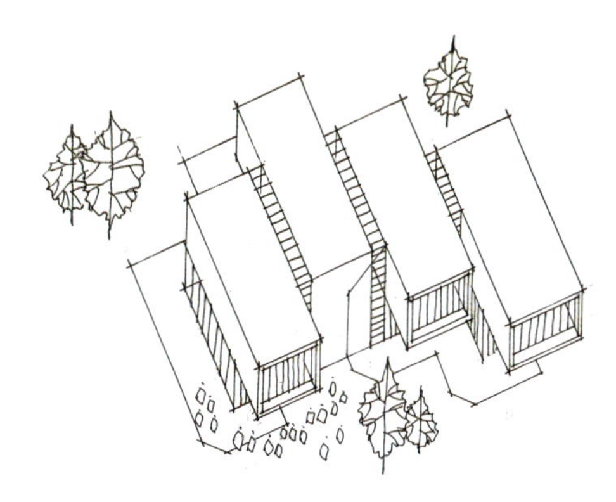

图 4-2-18

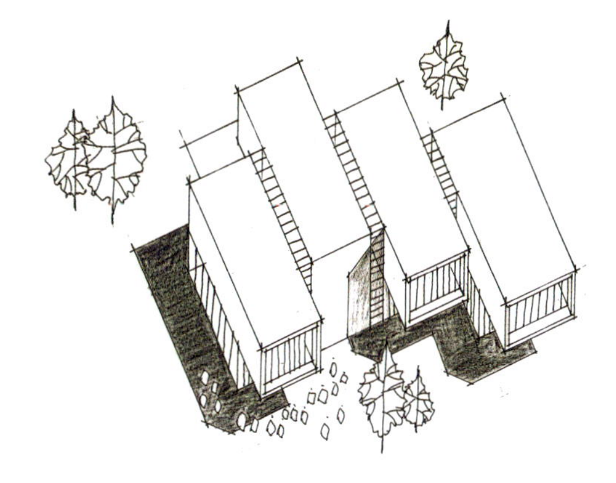

图 4-2-19

图 4-2-20

随堂练习

对图 4-2-21 所示各种建筑组合案例进行临摹练习，并根据表 4-2 进行成果评价。

成果评价

表 4-2　成果评价

评价内容	评价标准	权重	分项得分
构图	构图完整合理，有美感	3	
线条表现	线条流畅自然	3	
细节表现	尺度准确	2	
色彩表现	退晕自然	2	
合计		10	

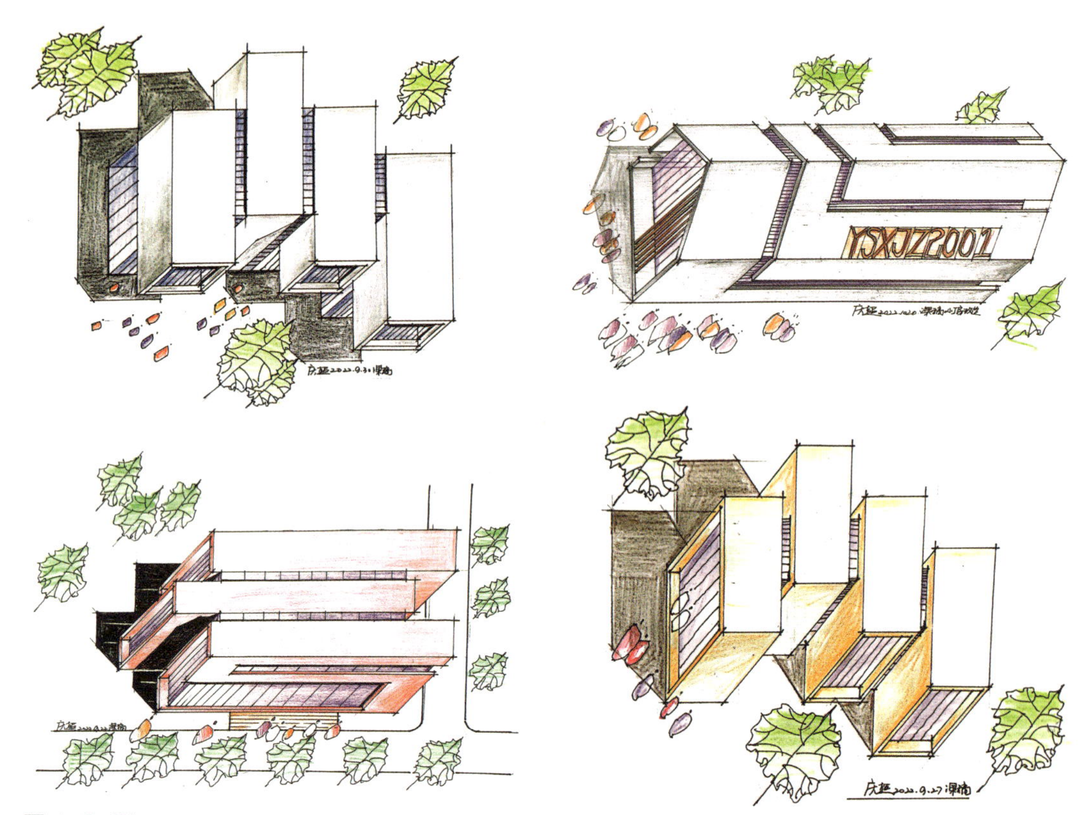

图 4-2-21

模块小结

通过本模块的学习，掌握构图原理和组合表现的基本知识和技能，能够运用不同的构图方式和组合表现手法创作出更加优秀的艺术作品。同时，还应知道如何将不同的元素和素材有机地结合在一起，形成一个完整、和谐的艺术作品。这些知识和技能为后期整体空间表现打下了坚实基础，有助于提高学生的构图能力和组合表现水平。

模块检测

一、单选题

1. 给人以力量感、方向感的构图方式是(　　)。

A. 对称式形构图　　B. 对角线构图　　C. 三角形构图　　D. 垂直线构图

2. 给人一种高大挺拔的视觉感受的构图方式是(　　)。

A. 对角线构图　　B. 垂直线构图　　C. 三角形构图　　D. 交叉线构图

3. 构图方式中最具有稳定性的是(　　)。

A. 对角线构图　　B. 垂直线构图　　C. 三角形构图　　D. 交叉线构图

二、填空题

1. 常见的构图方式包括(　　　　)、(　　　　)、(　　　　)、(　　　　)和(　　　　)等。

2. 单体组合表现通过元素的(　　　　)、(　　　　)，以及(　　　　)和(　　　　)等方面的处理，增强室内外设计的艺术感和设计感。

三、判断题

1. 构图是一个造型艺术术语，是绘画中非常重要的环节，它决定了画面的布局、层次和视觉效果。(　　)

2. 三角形构图，就是将画面中的主体置于三角形的结构中，或主体本身就是三角形元素，直接构建画面的构图方式。(　　)

3. 对称式构图可以充分利用画面空间，将视线引向固定区域。(　　)

模块 5

空间综合表现

思维导图

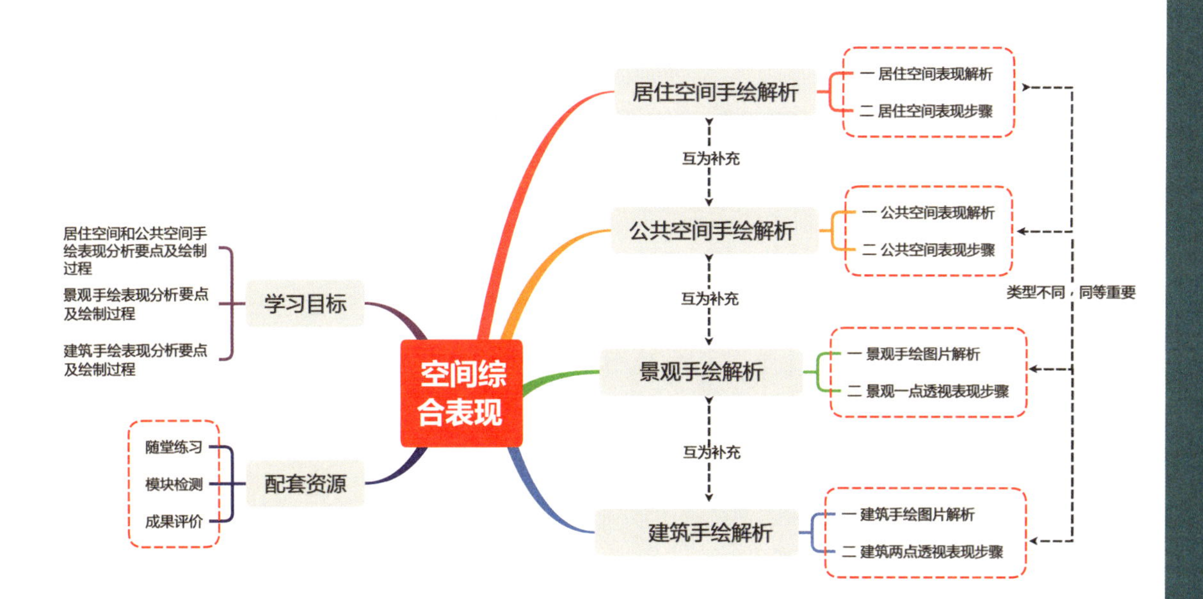

导读

党的二十大报告指出，增进民生福祉，提高人民生活品质。居住空间与人民的生活品质息息相关，设计师要设计出更符合人民需求的居住空间，才能提高人民的生活品质。

一个好的手绘表达是一个优秀设计的开始。对手绘作品进行解析不但能够帮助了解图片传达的内容，还可以提高设计师对手绘作品的理解，进而把握手绘的要点，为以后进行空间表现提供参考。

通过对不同空间类型和不同透视类型的手绘表现实例进行分析，讲解手绘表现中不同要点的表现手法，进而为手绘创作打下良好基础。同时对不同手绘表现进行解析，能够提高手绘表现的品鉴能力，有利于个人素质的综合提升。

重点：室内空间手绘解析的要点和内容。

难点：不同室内空间解析的差异化提炼。

想一想

空间手绘对设计的哪些阶段有帮助？

5.1 居住空间手绘解析

居住空间一点透视解析表现

居住空间两点透视解析表现

5.1.1 居住空间表现解析

图 5-1-1 所示是一个居住空间的客厅效果图片，要对该空间进行手绘表现，主要分三步：首先，观察图片，对图片进行解析，了解图片传达的信息；其次，了解手绘室内效果图的流程；最后，进行绘制。

对图片的解析主要从以下几个方面展开。

（1）构图比例和透视。

（2）重点表现部位。

（3）光影明暗。

（4）材质表现和色调选择。

下面分析图 5-1-1 在这几个方面应如何表现。

图 5-1-1

1. 构图比例和透视

从屋顶和地面的线条走向可以看出，这是一个两点透视图，两个消失点都在画面以外，真高线在整个画面的中间偏左的位置。

2. 重点表现部位

室内重点表现部位是中间的沙发和茶几，其他如书柜、窗帘、飘窗及室外建筑依次弱化表现，从而更好地突出重点物体。

3. 光影明暗

整体空间环境中有多个物体，由于不同物体距离光源远近不同，其明暗和虚实也不同，要求在变化中把握整体，在统一中寻求变化。

居住空间两点透视线稿演示

4. 材质表现和色调选择

材质和色调是营造空间氛围的关键要素。材质的质感、纹理和颜色会影响空间的感受；色调在表现图中起协调和平衡的作用。在图 5-1-1 中，结合空间的功能和风格，对材质和色调进行巧妙运用（如家具以深色木纹为主，织物为灰色，其他界面为浅色），形成黑、白、灰的色调及色彩冷暖变化，局部加以亮色点缀，可以提升表现图的艺术效果，使其更加生动、真实。

居住空间两点透视上色演示

5.1.2 居住空间表现步骤

（1）选择视角，确定视平线、消失点（图 5-1-2）。

（2）根据两点透视原理，绘制主要物体（图 5-1-3）。

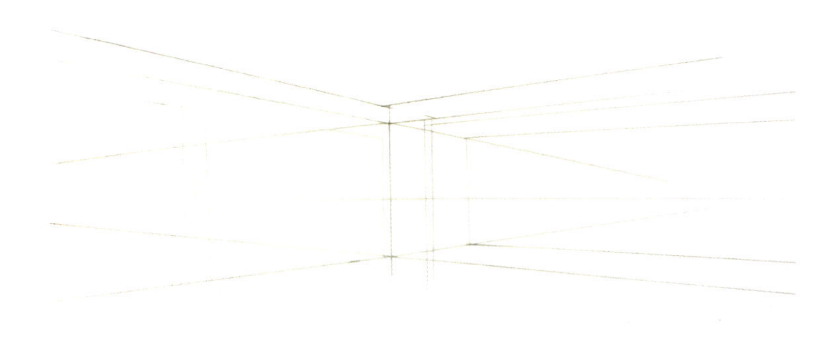

图 5-1-2

图 5-1-3

（3）绘制墨线，强调物体结构关系及光影效果。对重点物体进行细部刻画，突出物体主次关系，强化立体效果（图 5-1-4）。

（4）根据画面确定要选择的色系（冷灰色系、木色系及局部亮色），并对沙发、茶几、书柜进行基础铺色（图 5-1-5）。

图 5-1-4

图 5-1-5

（5）用冷灰色系对书柜玻璃上色，用木色系对窗帘、墙面上色，由浅入深，注意渐变。增加色彩冷暖对比（图 5-1-6）。

（6）用亮色进行局部点缀，并对细节进行修整与刻画（图 5-1-7）。

图 5-1-6

图 5-1-7

 知识拓展

相对于现代室内居住空间，中国传统居住空间具有独特的审美与格局，其中重要的是中堂。在历史的长河中，中国传统居住空间更是形成了独特的中堂文化，一方面中堂陈设空间借助中堂家具、中堂摆饰、中堂字画等打造中堂家居空间氛围，营造一种庄严的空间感；另一方面中堂精神文化空间通过家具陈设、坐北面南、长辈居中坐、晚辈位于东西两侧等，营造一种长幼有序的空间序列，中堂字画则往往是传家格言，营造一种共同的家族信念。时至今日，中国传统居住空间（图 5-1-8）仍然深刻地影响着中国的家庭文化。

图 5-1-8

随堂练习

自选一张住宅一点透视图片和一张两点透视图片，进行解析，录制分析视频，并根据表 5-1 进行成果评价。

表 5-1　成果评价

评价内容	评价标准	权重	分项得分
图片选择	图片选择风格各异，不雷同	1	
构图比例	透视类型、构图比例和尺度分析正确	2	
表现内容	表现内容取舍合理，主次得当	1	
明暗关系	明暗关系突出，有光感	2	
材质特征	材质色彩合理，质感明晰	2	
职业素养	语言表达清楚	2	
合计		10	

5.2 公共空间手绘解析

5.2.1 公共空间表现解析

公共空间两点透视解析表现

图 5-2-1 所示为开放大堂空间的效果图，该大堂空间为一点透视。

对公共空间图片解析的内容和居住空间没有太大的区别，依然是从构图比例和透视、重点表现部位、光影明暗、材质表现和色调选择这几个方面展开。不同的是，公共空间涵盖的内容较多，如果一一表现的话会使画面繁杂，重点不突出，所以在做公共空间表现的时候，应该突出重点，舍弃掉冗余的内容。

公共空间一点透视解析表现

1. 构图比例和透视

从图 5-2-1 中地面和顶面的线条走向可以看出，这是一个一点透视。跟居住空间不同的是，公共空间要衬托出庄重、开阔的效果，所以它的消失点选在了图形的中心偏下，这样能够表现更多的顶面造型效果，使空间显得更高。

2. 重点表现部位

在表现内容上，图 5–2–1 所示空间案例在形态、灯光和陈设等方面都展现出新颖和舒适的特点。它具有明确的主题和独特的设计风格，因此在表现时，需要强调其大气的感觉和精心营造的环境氛围。

图 5–2–1

图 5–2–1 表现的重点是二层平台和楼梯，以及前方的家具布置。这些元素是表现空间主题的关键，因此需要特别细致地刻画。同时，其他装饰造型和陈设品（如植物）则可以简练概括地表现，以保持画面的整体和谐。通过这种方式，可以更好地突出主题，并使画面呈现出虚实相间、主次分明的美感。

3. 光影明暗

从明暗关系上看，一般公共空间都会突出明亮的效果。图 5–2–1 所示案例中，也是整体比较亮，阴影部分较少，整个画面，家具底下有阴影，二层平台上和二层平台的左面，还有楼梯的尽端会有明显的暗部，其他地方都不用刻意突出暗调，图中主色有三种：木色、冷灰色和绿色。

4. 材质表现和色调选择

材质上，墙面和顶面应该是灰色的铝塑板，平台楼梯局部的墙面还有家具基本上保持着浅色木质本色，纹理并不十分清晰，后面有大面积的绿色植物。由于公共空间绘图比例较小，材质的纹理并不突出，大多是颜色表现。

特别提示

相同的材质由于所处的位置不同，周围光源的处理不同，也会有不同的表现，在做材质分析时，要注意区别。

在图 5–2–1 所示案例中，整体的色调偏暗，在色彩选择上，应该以冷灰色、木色、绿色为主，局部点缀亮色，高光部分可以选择用高光笔绘制或者用留白的方式进行处理。

5.2.2 公共空间表现步骤

（1）对原始画面进行调整，进行一点透视构图。选择消失点，绘制家具关键的结构线及轮廓线，注意近大远小（图 5–2–2）。

（2）绘制墨线稿，确定建筑结构及主要物体明暗关系，增强立体效果（图 5–2–3）。

图 5–2–2

图 5–2–3

（3）根据画面确定要选择的色系，选择木色系、冷灰色系、及绿色系。用木色系对楼梯、家具进行初步上色（图 5-2-4）。

（4）用冷灰色系对墙面及地面进行上色，由浅入深，注意渐变。同时用绿色系对植物进行上色，增加笔触运用（图 5-2-5）。

（5）统一画面中整体与局部的关系，细化主要物体，突出重点，使画面协同统一，通透明亮（图 5-2-6）。

图 5-2-4

图 5-2-5

图 5-2-6

特别提示

不同的公共空间功能不同，服务对象不同，要求的氛围不同，需选择不同的造型、材料、色彩。作为设计师，要能够针对不同的要求及时调整表现的重点，这就要求平时多积累专业的知识，多观摩他人的做法，取长补短，提高自己的手绘能力。

随堂练习

自选一张公共空间一点透视图片和一张两点透视图片，分别进行解析，录制分析视频，并根据表 5-2 进行成果评价。

成果评价

表 5-2 成果评价

评价内容	评价标准	权重	分项得分
图片选择	图片选择风格各异，不雷同	1	
构图比例	透视类型、构图比例和尺度分析正确	2	
表现内容	表现内容分析正确	1	
明暗关系	明暗关系分析正确	2	
材质特征	材质分析清晰正确	2	
职业素养	语言表达清楚	2	
合计		10	

5.3 景观手绘解析

一方面，景观手绘表达是设计手绘中一个很重要的专项内容，其原理与居住空间手绘、公共空间手绘大同小异，其核心仍然是基本的线条训练、配景训练，以及透视原理的掌握。另一方面，建筑装饰设计中越来越多融入景观元素，建筑景观与建筑室内外空间的联系越来越紧密。因此，一定程度地掌握景观手绘对于建筑装饰专业的学生与从业者而言是十分必要的。

景观一点透视解析

5.3.1 景观手绘图片解析

图 5-3-1 所示是一个一点透视景观空间，要对该空间进行手绘表现，主要分三步：首先观察图片，对图片进行解析，了解图片传达的信息；其次了解手绘景观效果图的流程；最后进行绘制。

图 5-3-1

1. 构图比例和透视

图 5-3-2 所示是一个一点透视图，消失点在画面中央，视平线的位置可以确定在纸面的 1/3 往下，距离地面 1.5～1.8m 处。

2. 重点表现部位

重点表现部位是建筑体块部分与景观部分，由中间向四周扩展，逐渐弱化，消失点附近应该是重点刻画的部分。

图 5-3-2

3. 光影明暗

在明暗关系表现上，正面为受光面，应该用浅色或者暖色，侧面则用重色或冷色，注意颜色的退晕效果。

4. 材质表现和色调选择

画面材质较为简单，其主体为白色墙体、深绿色的松树，以及暖绿色的草地，远处的棕色金属应该作为整个画面的亮色来处理，整个氛围以冷灰色为主，以棕色为亮色点缀，达到画面有主次、有亮点的效果。

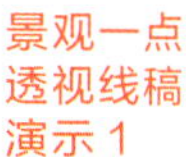

景观一点透视线稿演示 1

5.3.2 景观一点透视表现步骤

景观一点透视的原理与居住空间、公共空间的相同，在确定消失点之后，进行整个画面的构图与布局，以景观视觉元素为核心，进行绘制，其主要步骤如下。

景观一点透视线稿演示 2

（1）根据景观图片，选择一点透视消失点。

（2）对景观图片进行二次构图，去除多余的部分，平衡各部分之间的关系。

（3）根据确定好的构图，绘制铅笔线稿（图 5-3-3、图 5-3-4）。

（4）在完成的铅笔线稿基础上，绘制墨线稿（图 5-3-5、图 5-3-6）。

（5）使用马克笔配合彩色铅笔对墨线稿进行上色。注意：在上色之前要擦去铅笔线稿（图 5-3-7、图 5-3-8）。

景观一点透视上色演示

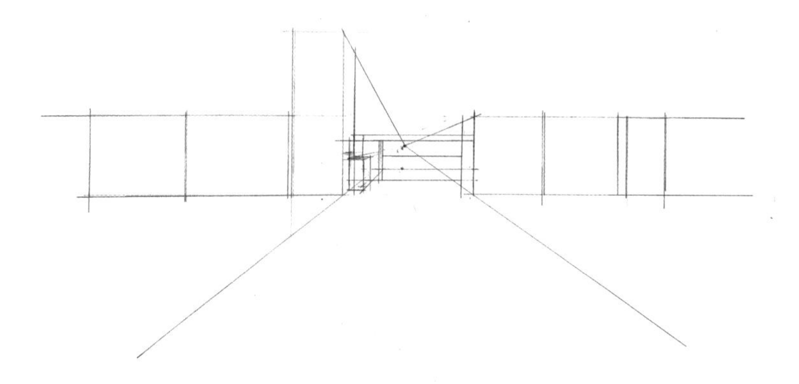

图 5-3-3

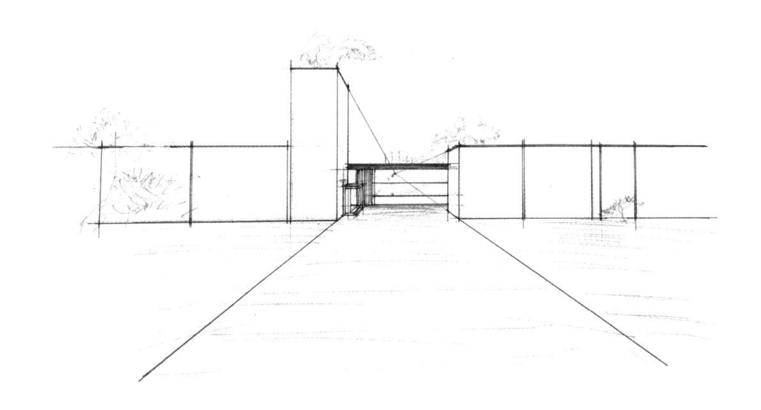

图 5-3-4

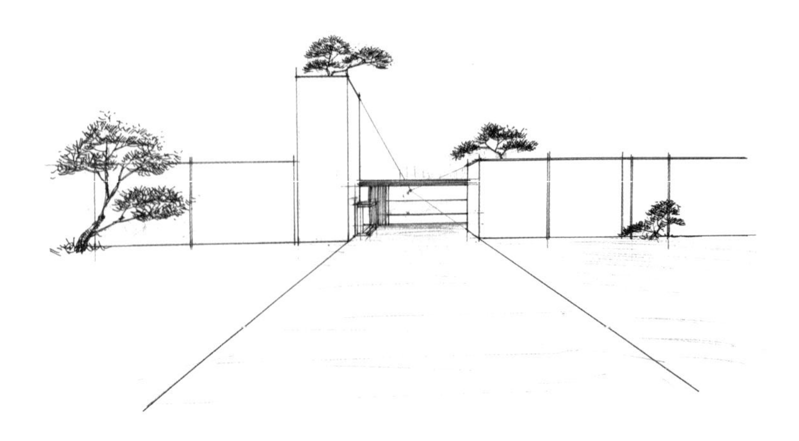

图 5-3-5

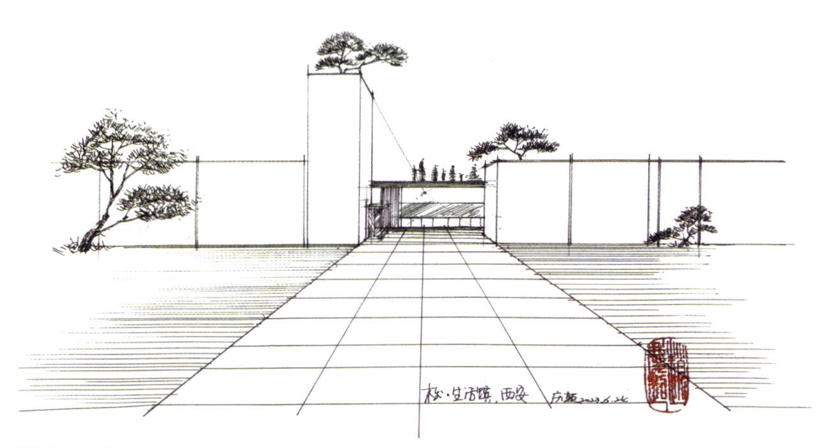

图 5-3-6

图 5-3-7

图 5-3-8

（6）增加光影关系（图 5–3–9）。

（7）使用高光笔进行局部修整（图 5–3–10）。

图 5–3–9

图 5–3–10

随堂练习

根据图 5-3-11 和图 5-3-12，进行一点透视与两点透视表现，并根据表 5-3 进行成果评价。

图 5-3-11

图 5-3-12

成果评价

表5-3 成果评价

评价内容	评价标准	权重	分项得分
构图	构图完整合理，有美感	3	
线条表现	线条流畅自然	3	
细节表现	尺度准确	2	
色彩表现	退晕自然	2	
合计		10	

5.4 建筑手绘解析

建筑手绘表达是设计手绘中另一个很重要的专项内容，其原理与居住空间手绘、公共空间手绘、景观手绘大同小异，其核心仍然是基本的线条训练、配景训练，以及透视原理的掌握。建筑手绘与居住空间手绘、公共空间手绘和景观手绘的主要区别是以建筑为主要刻画对象，因此其对透视的要求更高，对透视原理的掌握程度要更加熟练。同时，建筑装饰设计离不开建筑元素，建筑与景观是建筑室内外空间手绘表现的重要组成部分。因此，掌握建筑手绘对于建筑装饰专业的学生与从业者而言也是十分必要的。

5.4.1 建筑手绘图片解析

建筑两点透视解析

图 5-4-1 所示是一个两点透视建筑空间，要对该空间进行手绘表现，主要分三步：首先观察图片，对图片进行解析，了解图片传达的信息；其次了解手绘建筑效果图的流程；最后进行绘制。

1. 构图比例和透视

图 5-4-2 所示是一个两点透视图，消失点在画面的左右两侧，需要注意的是，绘图时，消失点最好位于绘图纸面以内，这样更便于后续绘制；视平线的位置可以确定在纸面的 1/3 处，视平线可以与地面重合；对参考图片进行优化，可节省绘图时间；真高线应该位于画面左侧的 1/4 处。

2. 重点表现部位

重点表现部位是建筑主体部分，由中间向四周扩展，逐渐弱化，真高线附近应该是重点刻画的部分。

图 5-4-1

图 5-4-2

3. 光影明暗

在明暗关系表现上，正面为受光面，应该用浅色或者暖色，侧面则用重色或冷色，注意颜色的退晕效果。

4. 材质表现和色调选择

画面材质以石材与玻璃为主，其主体为石材墙体，使用暖灰色表现，玻璃使用冷灰色表现，局部可以用亮色点缀，另外对周边环境进行绘制，丰富画面构图，达到画面有主次、有亮点，构图和谐的效果。

5.4.2 建筑两点透视表现步骤

建筑两点透视的原理与居住空间、公共空间、景观空间相同，即整个建筑场景有两个视觉消失点。建筑两点透视主要用于表现建筑的整体外部空间，如建筑主要立面、建筑的整体造型等。根据所选建筑实景照片，进行整个画面的构图与布局，以建筑视觉元素为核心，进行绘制，其主要步骤如下。

（1）根据选择的建筑实景照片，确定好视平线，在视平线上选择两点透视的两个消失点，其上下位置大约在纸面的 1/4～1/3 处，并且尽量选择在纸面内，以便后面的绘制。

（2）根据建筑实景照片进行二次构图，去除多余的部分，平衡各部分之间的关系，实现画面的均衡感及构成的美感，以达到优化原有实景照片的构图效果。

（3）根据确定好的构图，分别对建筑及配景进行定位。首先用铅笔画出建筑的真高线，真高线左右位置一般在纸面的 1/4～1/3 处，不宜位于画面中心。

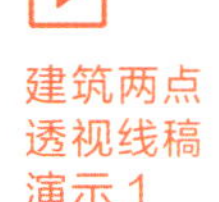

建筑两点透视线稿演示 1

建筑两点透视线稿演示 2

建筑两点透视上色

真高线的高度不宜超过纸面高度的一半，根据建筑的真高线逐步确定建筑的大小与位置。

（4）根据透视原理、近大远小原则等，确定建筑比例尺度，完成建筑主体铅笔线稿的绘制（图 5-4-3）。

（5）对建筑配景进行绘制，营造建筑画面的整体氛围（图 5-4-3）。

（6）对场景地面进行绘制，注意近大远小，突出建筑空间的进深感（图 5-4-3）。

（7）在完成的铅笔线稿基础上，绘制墨线稿，并对建筑细部进行深入刻画（图 5-4-4、图 5-4-5）。

（8）使用马克笔配合彩色铅笔对墨线稿进行上色。注意：在上色之前要擦去铅笔线稿（图 5-4-6～图 5-4-8）。

图 5-4-3

图 5-4-4

图 5-4-5

图 5-4-6

图 5-4-7

（9）增加光影关系。

（10）使用高光笔进行局部修整（图 5-4-9）。

图 5-4-8

图 5-4-9

随堂练习

根据图 5-4-10 和图 5-4-11，进行建筑一点透视与两点透视练习，并根据表 5-4 进行成果评价。

图 5-4-10

图 5-4-11

成果评价

表5-4 成果评价

评价内容	评价标准	权重	分项得分
构图	构图完整合理，有美感	3	
线条表现	线条流畅自然	3	
细节表现	尺度准确	2	
色彩表现	退晕自然	2	
合计		10	

| 模块小结 |

本模块主要以实战方式详细讲解了居住空间手绘、公共空间手绘、景观手绘和建筑手绘。本模块内容是本书的重点，一个设计师学习手绘的目的就是表达，通过手脑并用的方式，快速地将设计思路表现出来，其中照片临摹是一个重要环节。通过照片临摹，进行实景案例手绘表现，对设计师来说，是一门必备技能，也是传达设计思想的重要方式。

| 模块检测 |

一、选择题(单选题或多选题)

1. 室内空间类型主要有(　　)。

A. 商业空间　　B. 办公空间　　C. 居住空间　　D. 广场空间

2. 居住空间手绘主要内容有(　　)。

A. 沙发　　B. 电视机背景墙　　C. 床　　D. 餐桌

3. 一般(　　)不作为营造空间氛围的关键要素。

A. 材质的质感　　B. 灯光色彩　　C. 颜色　　D. 消失点的位置

二、判断题

1. 通过画面中线条的走向，可以判断画面的透视类型。(　　)

2. 对图片解析的重点是看色彩和材质，内容可以不管。(　　)

3. 手绘效果图中不允许适当地夸张、概括与取舍。(　　)

三、简答题

对图片的解析应该从哪几个方面展开?

模块 6

方案综合表现

思维导图

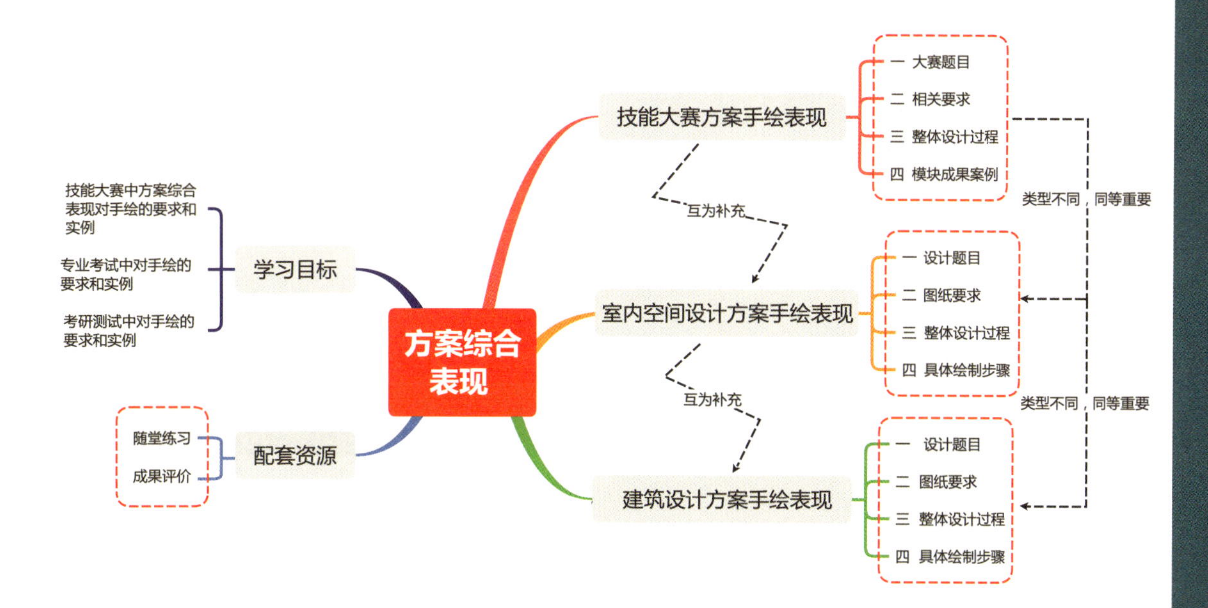

导读

党的二十大报告提出，推动绿色发展，促进人与自然和谐共生。设计师在进行方案综合表现时，要将现代设计与自然环境融合，使人们的生活与自然更亲近。

方案设计手绘综合表现，是学习设计手绘的最终目的。不论是学生还是设计从业者，在日常学习与工作中，最为直接的工具就是手绘。设计手绘是设计师在设计工作和设计任务中最常用也是最简洁的设计思路呈现工具，同时也是沟通工具。首先，在自身设计过程中，设计思路通过设计手绘来呈现；其次，设计手绘在设计过程的沟通中扮演着重要角色，比如设计项目组内的讨论大多是以设计手稿方式呈现的，在与甲方的前期沟通中，设计手绘是有效的设计思路交流工具，为后期整个设计奠定基础与方向；最后，较为细致的设计手绘又是方案效果的直接呈现，比如设计类学生在升学及工作入职中，通常要进行限时手绘设计方案（方案快速设计）创作，而学生或者设计师的限时手绘设计方案就成为综合评价一个人设计水平的最主要方法。因此，方案设计手绘表现格外重要，应该是每一个设计类学生或者设计师的必修课。

方案设计手绘综合表现分为两部分，一部分是室内空间设计方案手绘表现，另一部分是室外空间设计方案手绘表现。室内部分又分为居住空间设计方案手绘表现与公共空间设计方案手绘表现。室外部分又分为景观设计方案手绘表现与建筑设计方案手绘表现。

限时手绘设计方案为何会成为大赛、升学、求职的能力要求？

6.1 技能大赛方案手绘表现

手绘表现是职业技能大赛的重要组成部分，职业技能大赛分为本科组和高职组，不论是本科组还是高职组，对于手绘都很重视，单独设有一个模块来考查学生的手绘能力，也是短时间考查学生设计水平与专业素养的主要测试手段。因此，学习设计手绘表现对设计类学生参加职业技能大赛十分有益处。

6.1.1 大赛题目

本题为 2023 年全国职业院校技能大赛环境艺术设计赛项赛题。

设计内容：“花海飘书香”文创主题书店。

设计背景：本方案的设计范围为某社区一楼的商业空间，该空间目前处于闲置待改造状态。现在通过引入文创书店的形式对其进行改造设计，以满足未来社区居民及周边人员的休闲生活需求。设计突出“花海飘书香”文创主题，对空间功能区域的布局划分进行深入分析，将空间功能区域分布为阅读区、茶饮区以及文创产品展示区等，在心理上满足顾客多元化需求，为社区居民和附近客户提供便利的学习空间。空间概况请参照图 6-1-1，东面为主出入口，南面为次出入口，层高 4.2m，外门高 2.4m。

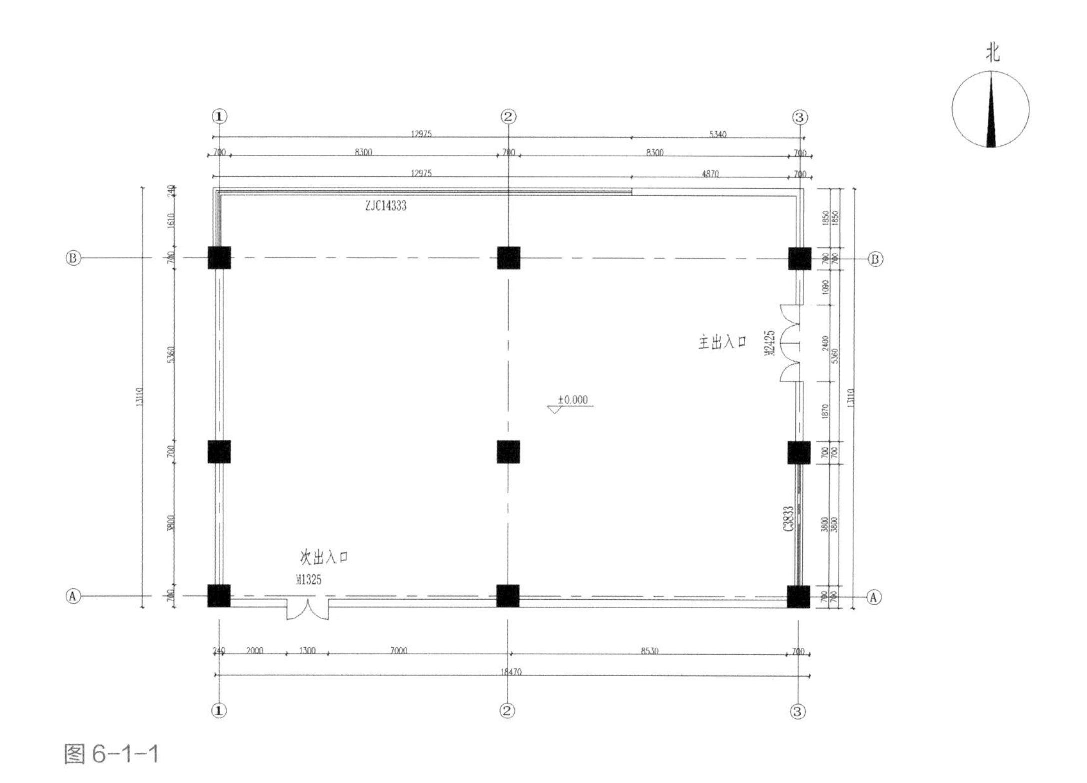

图 6-1-1

6.1.2 相关要求

1. 手绘室内平面布局草图一张

根据提供的建筑平面图，结合主题设计平面布局草图，空间设计围绕“花海飘书香”文创主题书店进行设计规划。平面布局设计中，空调及消防系统等封闭式空间不在此次设计范围内，卫生间空间适当预留 25～35m^2 可以不做设计。

在 A3 绘图纸上绘制平面布局草图，比例自定，在不改变外墙结构的基础上进行布局与设计。平面布局草图绘制与表现手法不限，但在图中应能明确体现功能布局与流线设计，能进行较为明确的文字与设计尺寸标注，图中可以适当上色以增加材料及画面表现效果。

2. 手绘体现主题的装饰贴图一张，并附构思创意过程草图

在 A3 绘图纸上，根据赛题绘制体现主题的装饰贴图一张，并附构思创意过程草图，可将提炼的元素应用于该空间的任意界面和陈设品设计中。规格、尺寸、材料自定，工具及表现手法不限。

6.1.3 整体设计过程

根据题目要求，进行平面布局草图设计，完成平面总体规划。依据给定场地条件，确定主体功能布局与流线设计，进而深化平面布局，确定平面的具体布局。根据题目要求分别绘制各模块成果。

6.1.4 模块成果案例

（1）手绘室内平面布局草图见图 6-1-2～图 6-1-6。

（2）体现主题的装饰贴图，以及构思创意过程草图见图 6-1-7～图 6-1-11。

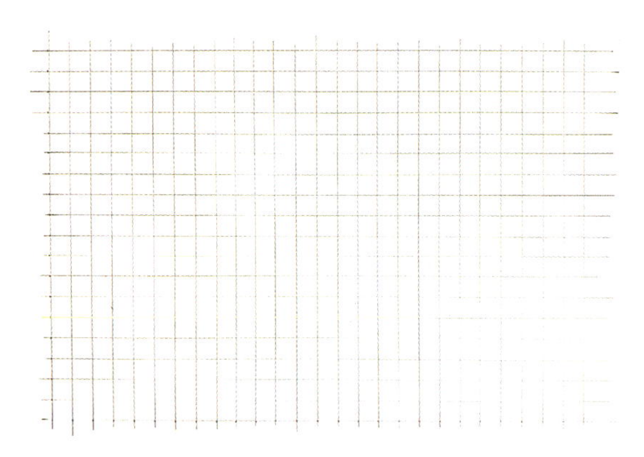

图 6-1-2

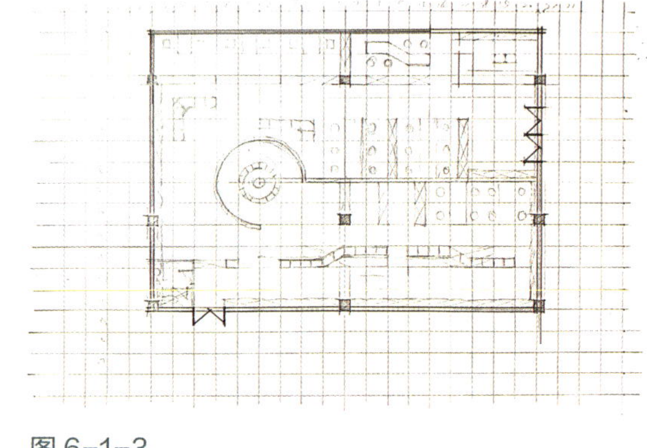

图 6-1-3

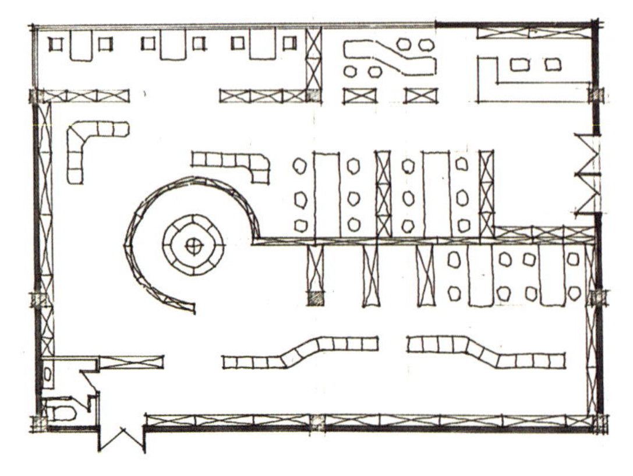

图 6-1-4

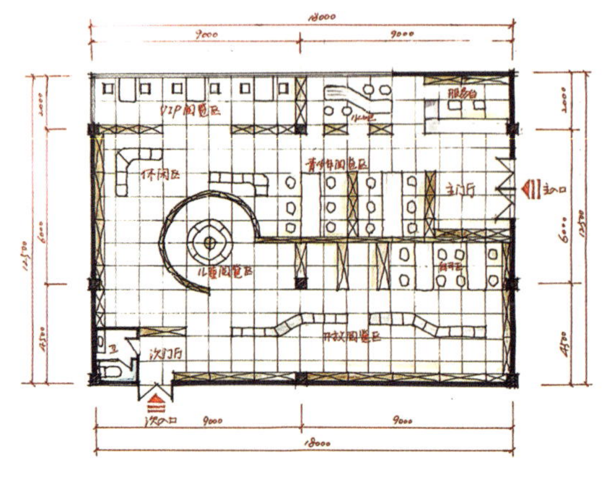

图 6-1-5

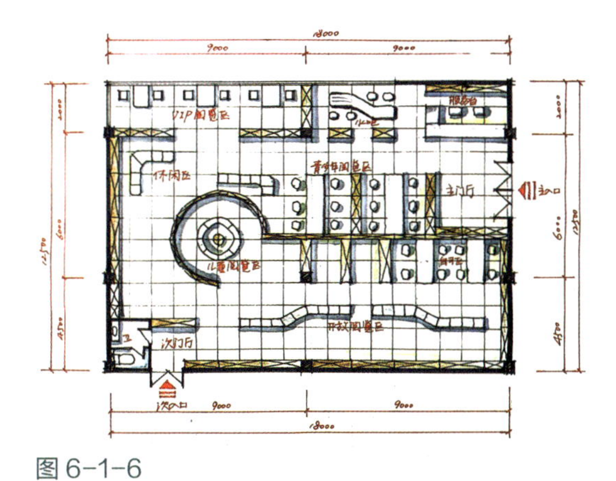

图 6-1-6

图 6-1-7

图 6-1-8

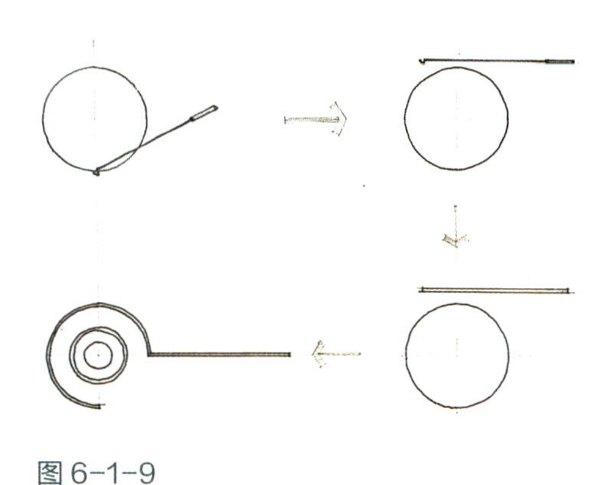

图 6-1-9

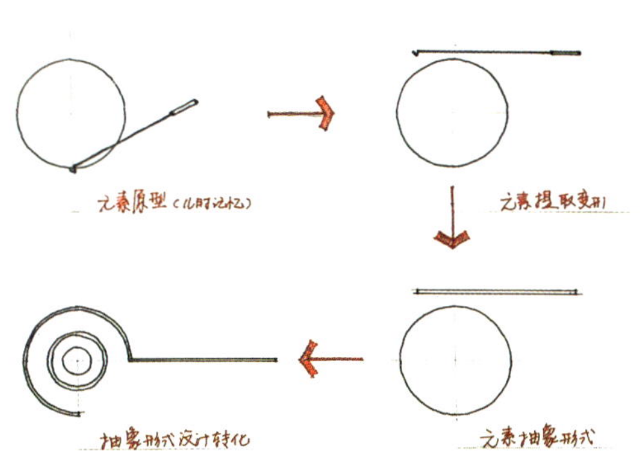

图 6-1-10

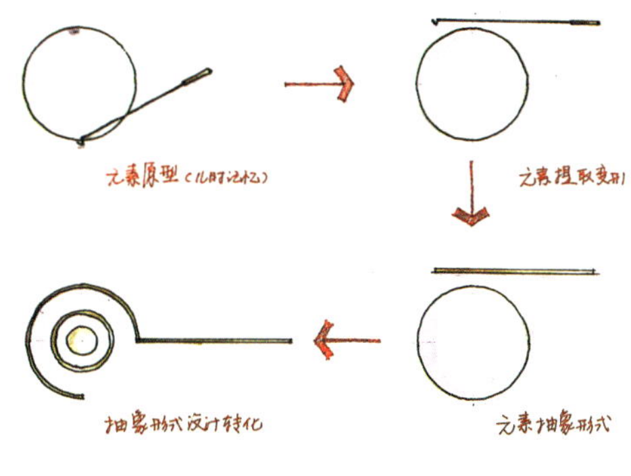

图 6-1-11

随堂练习

对本节案例进行临摹绘制，在此基础上自己进行创作，按要求完成该题目，并根据表 6-1 进行成果评价。

成果评价

表 6-1　成果评价

评价项目	评价内容	评价标准	权重	分项得分
手绘室内平面布局草图一张	整体功能布局合理，流线顺畅、图面整洁	布局功能出现明显错误，扣 10 分；各项评分点每出现一处表达不完整、不准确、不得当，扣 5 分，扣完为止	10	
	按制图标准正确运用线型和线宽，线型分明，线宽合理		10	
	绘制准确的门窗、墙体，且符合制图要求		10	
	按制图标准正确标注；合理标注文字说明和图名		10	
	上色合理且材质表达准确，画面整体效果得当，能初步表现设计创意		10	
手绘体现主题的装饰贴图一张，并附构思创意过程草图	装饰贴图设计符合试题中的主题，并进行了抽象化艺术处理	各项评分点每出现一处表现不完整、不准确、不得处，扣 5 分，扣完为止	10	
	装饰贴图设计能从草案图形进行延续深化，有提取、深化、运用过程演绎		10	
	装饰贴图设计能准确表现出所设计装饰部位的特征以及细节		10	
	上色合理美观，色彩运用得当		10	
	整体画面效果美观，能初步表现设计创意		10	
合计			100	

6.2 室内空间设计方案手绘表现

室内空间设计方案手绘表现是室内设计师的必备技能，是学习与工作的主要内容，在学习中，它是学习成果及设计素养的综合体现。室内空间设计方案手绘可以在短时间内考查学生在室内空间设计方面的综合素养。因此，各大院校在招收硕士研究生时，都将室内设计方案手绘表现作为专业测试科目，各大设计院在进行校招时，其也是主要的测试手段。综上，学习室内空间设计方案手绘表现对建筑装饰设计类的学生来说十分重要。

6.2.1 设计题目

本题目为某院校研究生入学考试题目。

拟在某给定空间做一个社区文化交流中心，该项目位于南京市，主题为智能共享空间，空间平面尺寸如图 6-2-1 所示，要求设置阅览区、活动区、对弈区、书吧区、休息区、前台、卫生间等，并针对老年人设置无障碍设施。

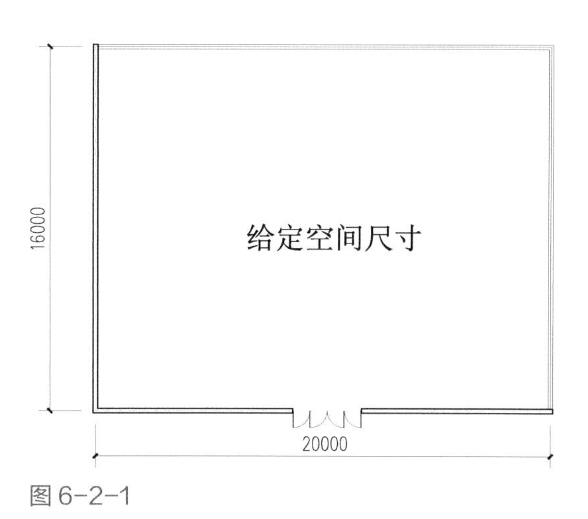

图 6-2-1

6.2.2 图纸要求

A2 图纸一张，成果包含平面布置图（1：200）、立面布置图（1：200）、天花布置图（1：500）、效果图、设计说明等，绘画工具不限。

6.2.3 整体设计过程

根据题目给定空间，首先进行平面草图设计，完成平面总体规划；其次依据给定场地条件，确定主体功能布局与流线设计，进而深化平面布局，确定平面的具体布局；最后构思居住空间的整体效果，确定主要空间场景，完成主要空间场景表达设计。

6.2.4 具体绘制步骤

（1）取出一张 A2 图纸（根据题目要求确定），整体绘制网格（比例根据题目要求确定）。

（2）对整体画面进行构图，确定效果图、平面布置图、立面布置图、设计说明等位置。

（3）绘制铅笔线稿，将平面设计构思草图上的内容，按比例绘制于 A2 图纸上。

（4）绘制整体空间效果图铅笔线稿，在图面规划位置，按要求绘制整体空间效果图（比如两点透视、一点透视、轴测图等），将构思完成的整体空间效果图按两点透视绘制到 A2 图纸指定位置，同时应与设计好的平面布置图相互对应（如出现与平面布置图不对应的情况，应及时调整效果图或平面布置图），最终完成整体空间效果图铅笔线稿绘制。

（5）绘制平面布置图铅笔线稿，在图面规划位置，按比例要求绘制平面布置图。

（6）绘制空间的立面布置图铅笔线稿，在图面规划位置，按比例要求绘制立面布置图。

（7）书写设计说明与图名标注内容铅笔线稿，在指定位置完成书写，注意书写内容应与设计思路及内容一致，并注意整体构图。

（8）完成标题与其他内容的铅笔线稿绘制。

（9）整体铅笔线稿绘制完成以后，开始墨线稿的绘制。铅笔线稿越全面细致，墨线稿完成起来就越轻松，在绘制墨线稿的过程中，注意线条的流畅感、线条之间的衔接关系，以及局部铅笔线稿细节的优化与调整。墨线稿用时约为铅笔线稿的 1/2。

（10）在整体墨线稿绘制完成以后，需要擦去铅笔线稿。

（11）在图面铅笔线稿清理之后，开始使用马克笔与彩色铅笔对整体画面上色。马克笔运笔要快，其适合大面积上色；彩色铅笔比较细腻，适合细节刻画，马克笔与彩色铅笔搭配使用可以达到明快细腻的色彩效果。

（12）上色时，从整体空间效果图开始，效果图是整个图面的核心要素，一定要细致刻画，区分空间的明暗面，确定空间的主色调，增加整体色彩及光感。刻画材质时，注意玻璃的通透性与反光特性，再刻画配景。完成整体空间效果图色彩之后，依次进行平面布置图、立面布置图、设计说明等上色工作，主要原则是色彩统一，注意渐变有光感。

（13）整体色彩完成以后，对图面标题、图框及图名标注上色。最后对画面进行细部修整，达到完整统一的效果。具体绘制步骤如图 6–2–2 ～图 6–2–5 所示。

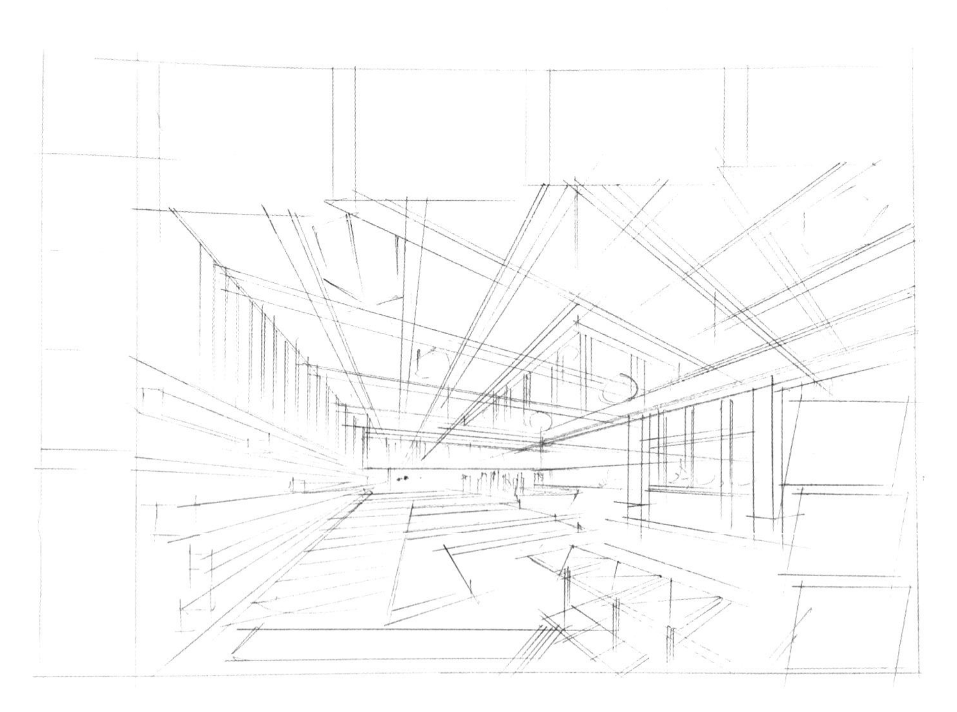

图 6–2–2

平面布置图
立面布置图
天花布置图
元素分析
设计说明
材质分析
图 6-2-3

快题设计
平面布置图
立面布置图
天花布置图
元素分析
设计说明
材质分析
图 6-2-4

图 6-2-5

随堂练习

对本节案例进行临摹绘制，在此基础上自己进行创作，按要求完成该题目，并根据表 6-2 进行成果评价。

成果评价

表 6-2　成果评价

评价内容	评价标准	权重	分项得分
色彩表达	和谐，具有美感	30	
创意表达	设计有亮点与创意	70	
设计说明	设计思路表达清晰准确	20	
画面完整性及整体构图	构图完整、和谐、美观	30	
合计		150	

6.3 建筑设计方案手绘表现

建筑设计方案手绘表现是建筑设计师的必备技能，是学习成果及设计素养的综合体现。建筑设计方案手绘可以在短时间内考查学生在建筑设计方面的综合素养。因此，各大院校在招收硕士研究生时，都将建筑设计方案手绘表现作为专业测试科目，各大设计院在进行校招时，其也是主要的测试手段。综上，学习建筑设计方案手绘表现对建筑设计类的学生来说十分重要，对建筑装饰类学生来说也十分有益处，毕竟建筑设计与建筑装饰设计存在着密切的联系，其设计方法有很多相通之处，并且直接相互关联。

6.3.1 设计题目

本题目为上海某建筑设计有限公司招聘考试的题目。

某城市拟在规定地块上建一座文化活动中心，场地布局如图 6-3-1 所示，基地呈三角形，北面临海，建筑用地面积为 3200m^2，建筑面积控制在 3000m^2 左右，容积率＜ 1，要求设置展厅、超市、餐厅、儿童体验空间、亲子教育空间、老年活动空间、图书中心、健身中心、办公室、会议室，以及其他附属空间与交通空间。各个空间面积自定。要求功能与流线合理，满足日常功能要求及消防安全要求，需设计无障碍设施。

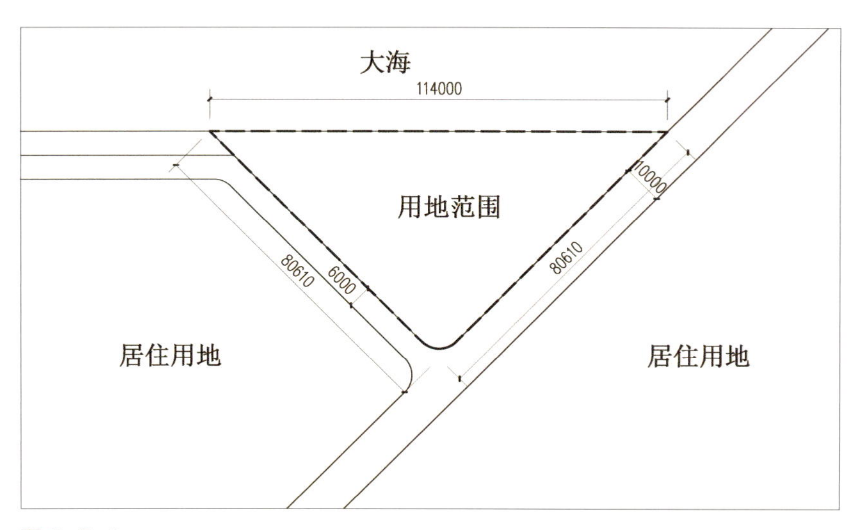

图 6-3-1

6.3.2 图纸要求

A2 图纸一张，成果包含各层平面图（1∶300）、立面图（1∶300）、剖面图（1∶300）、总平面图（1∶500）、效果图（表现形式不限）、主要技术经济指标、设计说明。

6.3.3 整体设计过程

建筑方案设计铅笔稿

根据题目给定地形，进行平面草图设计，完成平面总体规划。依据场地地形与周边用地条件，确定总平面建筑形体布局与道路规划，进而深化平面布局，确定每一层平面的具体布局，构思建筑的整体效果，确定建筑造型，完成主要设计。

6.3.4 具体绘制步骤

建筑方案设计墨线稿

（1）取出一张 A2 图纸（根据题目要求确定），整体绘制 1∶300 网格（比例根据题目要求确定）。

（2）对整体画面进行构图，确定总平面图、效果图、平面图、立面图、剖面图等的位置。

（3）绘制平面图铅笔线稿，将平面设计构思草图上的内容，按比例绘制于 A2 图纸上，依次绘制墙体、门窗、柱子、台阶、入口铺装、各种标注等。

建筑方案设计上色演示

（4）绘制整体效果图铅笔线稿，在图面规划位置，按要求绘制建筑整体效果图（比如两点透视、一点透视等），将构思完成的整体效果图按两点透视绘制方法逐步绘制到 A2 图纸指定位置，同时其应与设计好的平面图相互对应（如出现与平面图不对应的情况，应及时调整效果图或平面图），最终完成建筑整体效果图铅笔线稿绘制。

（5）绘制总平面图铅笔线稿，在图面规划位置，按比例要求绘制总平面图（比如 1∶500、1∶1000 等），将构思好的总平面图，按比例绘制到指定位置，注意其与平面图的对应关系，同时注意与用地红线的退让关系，另外注意建筑主要入口与场地的衔接关系，内部道路、停车区域与周边道路的关系。图上需标注图名与指北针。

（6）绘制建筑的立面图与剖面图铅笔线稿。在图面规划位置，按比例要求绘制立面图和剖面图，注意其与建筑平面图、建筑整体效果图的对应关系。添加一些植物配景，注意材质刻画与细节表达。增加材质与符号标注。

（7）书写设计说明与主要技术经济指标内容的铅笔线稿，在指定位置完成书写，注意书写内容应与设计思路及内容一致，并注意整体构图。

（8）完成标题与其他内容的铅笔线稿绘制。

（9）整体铅笔线稿绘制完成以后，开始墨线稿的绘制。铅笔线稿越全面细致，墨线稿完成起来就越轻松，在绘制墨线稿的过程中，注意线条的流畅感、线条之间的衔接关系，以及局部铅笔线稿细节的优化与调整。绘制墨线稿用时约为铅笔线稿的 1/2。

（10）在整体墨线稿绘制完成以后，需要擦去铅笔线稿。

（11）在图面铅笔线稿清理之后，使用马克笔与彩色铅笔对整体画面上色。色彩选择很重要，建筑方案设计与建筑装饰色彩选择不同，切忌色彩艳丽。结合不同品牌的马克笔与彩色铅笔，按照灰色为主、亮色点缀的原则进行上色，马克笔运笔要快，适合大面积上色，彩色铅笔比较细腻，适合细节刻画，马克笔与彩色铅笔搭配使用可以达到明快细腻的色彩效果。

（12）先从建筑整体效果图开始上色，效果图是整个图面的核心要素，一定要细致刻画，区分建筑的明暗面，增加建筑色彩及光感。刻画建筑材质时，注意建筑玻璃的通透性与反光特性，再刻画建筑配景及人物。

（13）完成建筑整体效果图色彩之后，依次进行平面图、立面图、总平面图、剖面图、设计说明、主要技术指标等的上色工作，上色的主要原则是色彩统一，注意渐变有光感。

（14）整体色彩完成以后，对图面标题、图框及图名标注上色。最后对画面进行细部修整，达到完整统一的效果。具体绘制步骤如图 6-3-2～图 6-3-5 所示。

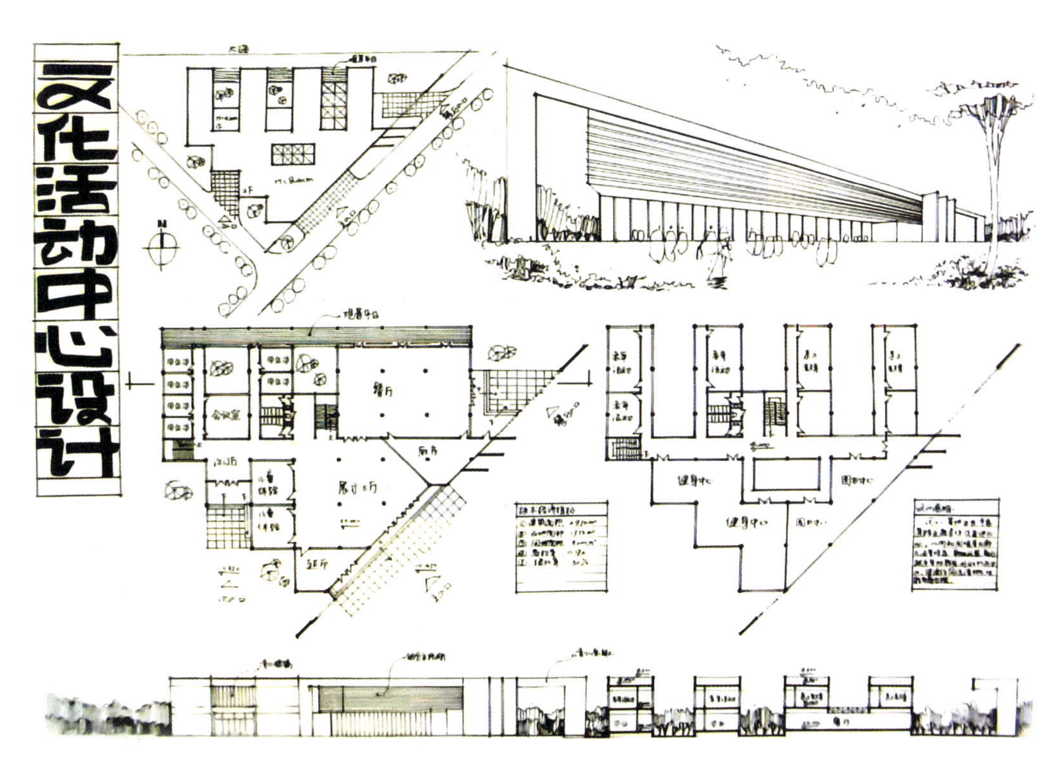

图 6-3-2

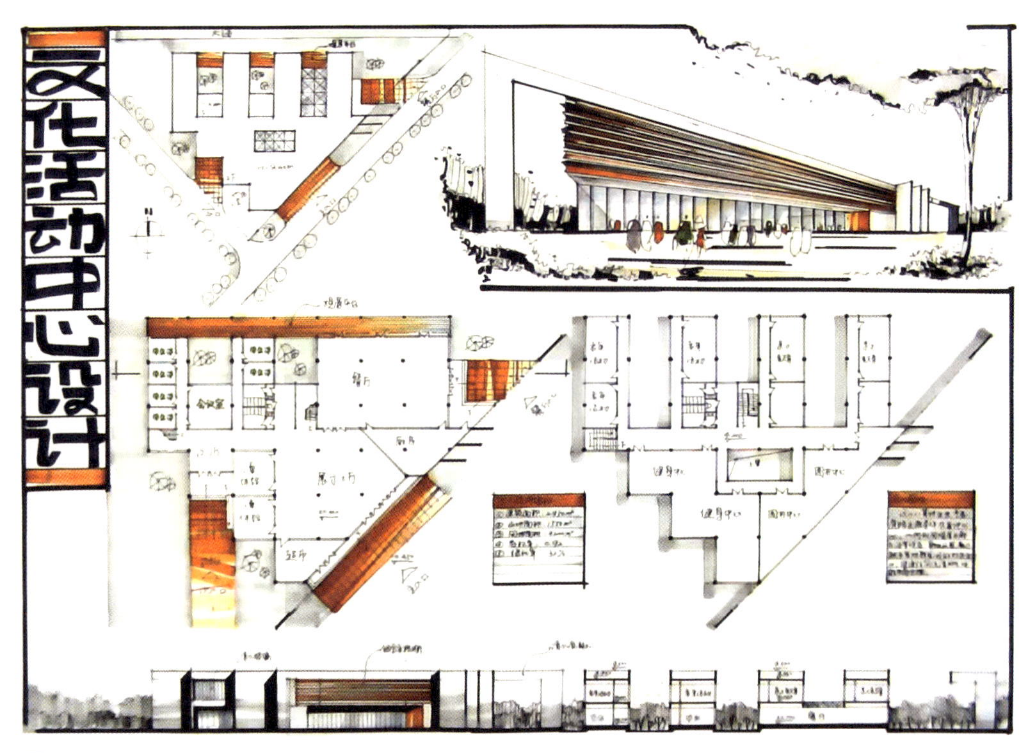

图 6-3-3

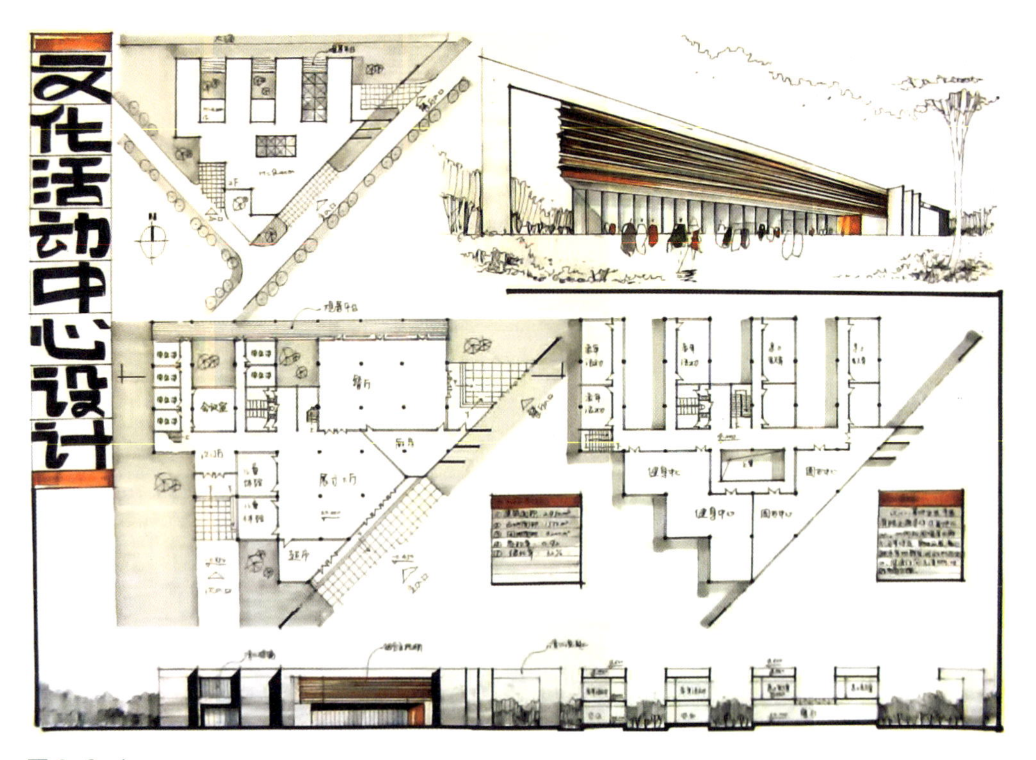

图 6-3-4

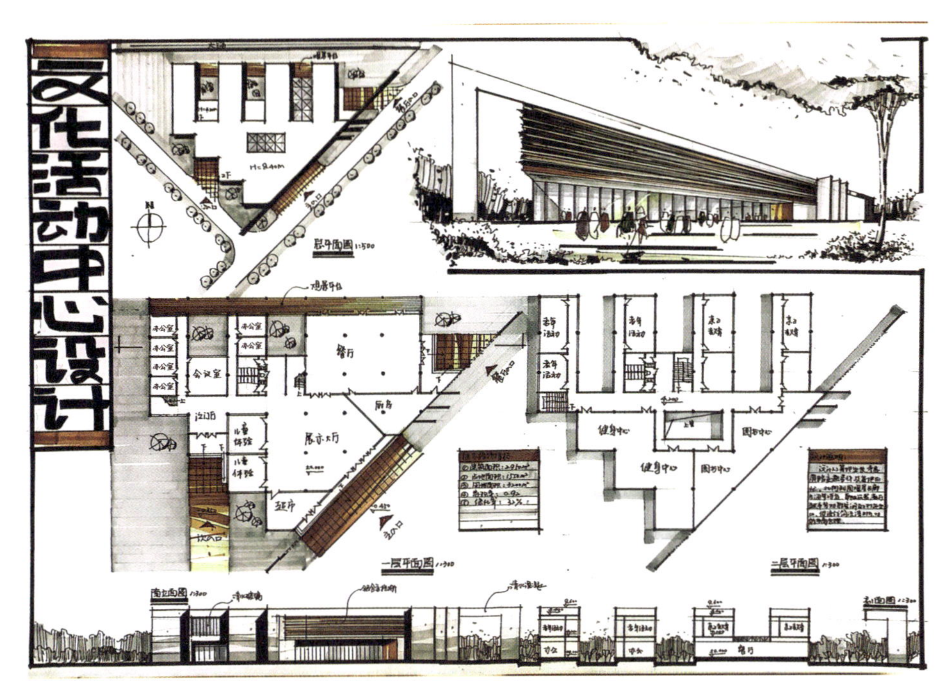

图 6-3-5

知识拓展

相对于现代建筑，中国传统建筑（图 6-3-6）具有独特的设计理念与美感。传统建筑优美的屋面曲线，营造出飞翔之势，给人一种轻盈的感觉；厚重的基础与台阶，营造出庄重威严的感受；土木材料的运用，使人产生温馨与亲切感，特别是对木材这种有生命的材料的运用，使中国传统建筑具有生生不息的内涵；斗拱及各种雕梁画柱，形成了中国传统建筑精巧的细节，极具雅致之感。总之，中国传统建筑作为世界建筑史上独特的存在，其价值是不朽的，时至今日还在影响着中国的现代建筑设计。

图 6-3-6

随堂练习

对本节案例进行临摹绘制，在此基础上自己进行创作，按要求完成该题目，并根据表 6-3 进行成果评价。

成果评价

表 6-3 成果评价

评价内容	评价标准	权重	分项得分
总平面设计	合理、满足技术要求	20	
平面设计	设计合理、有亮点	50	
建筑造型及表达	有创意、表达有美感	50	
画面完整性及整体构图	构图完整、和谐、美观	15	
设计说明及技术指标	设计思路明晰，指标符合要求	15	
合计		150	

模块小结

本模块主要针对具体设计题目要求，进行设计实践，详细讲解了整个思维与创作过程，对其中的重点、难点也进行了较为详细的阐述，并采用手绘方式将设计成果呈现出来。这是设计师在面对真实项目时，必须经过的设计思考与表现过程，是设计类专业升学考试的必考项目，同时也是相关岗位入职的考核方式。因此，方案设计手绘综合表现，对设计师而言是一门必须掌握的技能。不论是在学习中还是在工作中，其都有十分重要的作用。

模块 7

案例赏析

思维导图

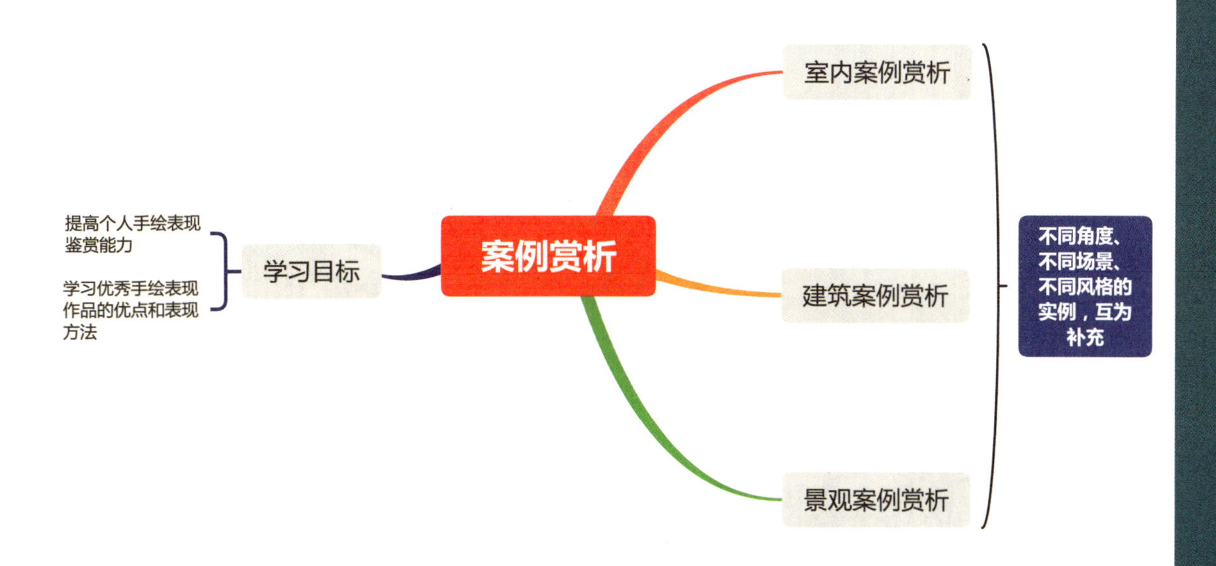

党的二十大报告提出，培养德智体美劳全面发展的社会主义建设者和接班人。一个人要有健康高尚的审美情趣。

经过本书的系统学习，读者应该对手绘有一个比较清晰的认识。本模块选取了一些较为优秀的手绘案例，包括室内案例赏析、建筑案例赏析、景观案例赏析三部分。通过对优秀手绘案例的赏析，有助于读者提高对手绘的理解，以及对色彩、构图、材质、细节等方面的认识。同时，也是为大家提供的一些临摹的案例。

手绘水平的提高，一方面取决于自身的审美水平，审美水平的提高需要大量的观看与分析；另一方面取决于自己的训练量，只有大规模的训练才有可能快速提高自身的手绘水平。

7.1 室内案例赏析

室内案例赏析见图 7-1-1、图 7-1-2。

案例赏析

图 7-1-1

图 7-1-2

7.2 建筑案例赏析

建筑案例赏析见图 7-2-1、图 7-2-2。

图 7-2-1

图 7-2-2

7.3 景观案例赏析

景观案例赏析见图 7-3-1、图 7-3-2。

案例赏析

图 7-3-1

图 7-3-2

模块小结

本模块主要讲解了室内、建筑和景观的案例赏析。通过对优秀手绘案例的赏析，提高手绘鉴赏能力。

参考文献

杜健，吕律谱，2021.30 天必会室内手绘快速表现 [M] . 2 版 . 武汉：华中科技大学出版社 .

卢影，2018. 室内设计手绘表现全视频教程 [M]. 北京：人民邮电出版社 .

王玮璐，2017. 室内设计手绘表现实训 [M]. 北京：中国建材工业出版社 .

文健，王博，杨碧香，等，2017. 室内设计手绘表现技法 [M]. 北京：中国建材工业出版社 .

郑权一，金梦潇，2016. 水晶石技法：建筑设计手绘实例教程 [M]. 2 版 . 北京：人民邮电出版社 .